使用缝纫机
缝制和黏合剂
粘贴制作

使用1.5cm、3cm宽的
合成皮革制作

手作皮革编织包

日本宝库社　编著

董远宁　　　译

河南科学技术出版社

·郑州·

目录

Technique 1

垂直编织

A 迷你提包 ………………………………… 8
B 宽窄相间的迷你提包 …………………… 9
C 筐形包 …………………………………… 10
D 带装饰扣的单肩包 ……………………… 11
E 亚麻包盖单肩包 ………………………… 12
F 带布包的提包 …………………………… 13
G 风车小肩包 ……………………………… 14
H 装饰结双色小肩包 ……………………… 15
I 弹簧口金单肩包 ………………………… 16

Technique 2

网代编织

J 多种颜色的迷你提包 …………………… 22
K 黑色大提包 ……………………………… 23
L 带盖小肩包 ……………………………… 24
M 单提手筐包 ……………………………… 25
N 长方形提包 ……………………………… 26
O 竖长形肩包 ……………………………… 27
P 两用肩包 ………………………………… 28

Technique 3

使用缝纫机制作的物品

Q	蕾丝手拿包	34
R	L形开口四方小包	35
S	L形开口长方小包	36
T	口金小包	37
U	钥匙包	38
V	带侧片的竖长肩包	39
W	斜拉链小包	40
X	毛皮手提包	41
Y	钱包	42
Z	环形提手包	43

垂直编织

Lesson1	A	迷你提包	17
应用篇	B	宽窄相间的迷你提包	20
Lesson2	J	多种颜色的迷你提包	29

网代编织

应用篇	J	双色版	32
应用篇	K	黑色大提包	32

使用缝纫机制作的物品

Lesson3	Q	蕾丝手拿包	44
应用篇	R	L形开口四方小包	46
应用篇	S	L形开口长方小包	47

合成皮革介绍、工具介绍、基础技法、
机缝介绍 …… 4～6

使用剩余的皮条制作的迷你模型包 …… 48

制作方法 …… 49

*本书中的作品,禁止复制、销售(在实体店或网店等)。请作为手工爱好工具书使用

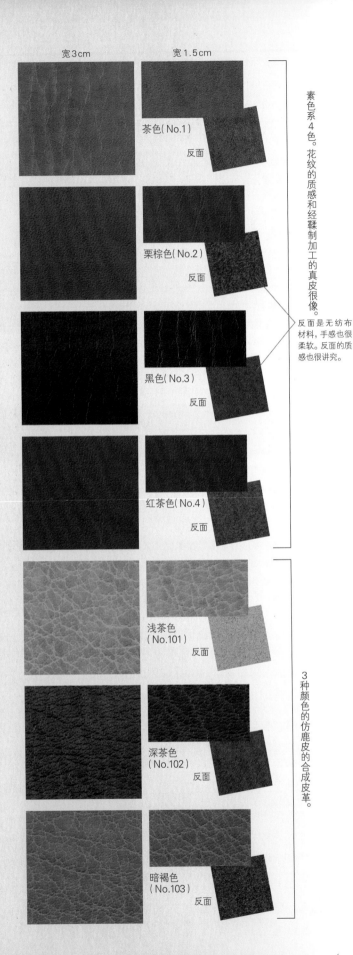

宽3cm　　宽1.5cm

茶色（No.1）

反面

栗棕色（No.2）

反面

黑色（No.3）

反面

红茶色（No.4）

反面

素色系4色。花纹的质感和经鞣制加工的真皮很像。

反面是无纺布材料，手感也很柔软。反面的质感也很讲究。

浅茶色
（No.101）

反面

深茶色
（No.102）

反面

暗褐色
（No.103）

反面

3种颜色的仿鹿皮的合成皮革。

合成皮革介绍

本书为大家介绍的合成皮革是非常接近真皮质感的人工皮革。经过工艺的加工改良，在无纺布上附着聚氨酯树脂，便有了天然皮革的精良质感。

与天然皮革相比，合成皮革价格低廉，容易购买到也是其优点之一。有轻微的污垢时，可以使用拧干的湿毛巾擦拭，然后在通风处阴干。它质地轻柔，便于裁剪制作，用黏合剂粘贴或是用缝纫机制作都可以（参照P.6）。

※本书中将合成皮革裁剪的条状简称为"皮条"

皮条
宽3cm

也可以作为提手使用♪

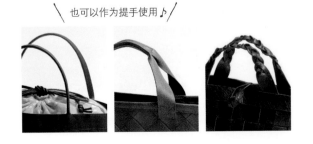

做成纽扣和流苏等的
配套装饰也很漂亮

宽 1.5 cm

制作成单肩包的背带

机缝后，更加结实，
成为真正的精加工

工具介绍

剪刀
由于容易弄伤剪刀的刀刃，所以请使用手工专用剪刀或是园艺用剪刀。

方格尺
因为垂直裁剪和45°裁剪的情况较多，所以建议使用方格尺。

圆珠笔
在皮条反面做记号时使用的油性圆珠笔。在深色皮条上做记号时请使用醒目的红色或其他颜色的圆珠笔。

夹子
临时固定两块皮条时使用。后部平、前部尖的夹子一般在制作包底等情况下使用。

黏合剂
请使用粘金属、皮革等的速干强力黏合剂。使用时稍微点上一点，然后薄薄地摊开后压紧黏合即可（参照P.17）。

双面胶
建议在固定皮条时使用1.2cm宽的双面胶、在固定拉链时使用0.3cm宽的双面胶。

*如果有了会很方便的工具

拉链
这是上下没有端头的拉链，你可以根据个人喜好用剪刀裁剪成任意的长度。它也没有左右的区别，你可以把左右两侧分别缝制，也可以把单面做成环状来使用，非常方便。

拉链头
是与拉链配套使用的拉链头，可以根据作品自由地选择颜色、形状、大小。

拉链头的穿法

双面奇异衬
是一种可以使用熨斗加热粘贴的蜘蛛网状胶的奇异衬。贴在组合好的皮条的背面使用。这样可以使组合好的皮条像一块布料一样不散开，非常方便（参照P.46）。

先在左侧的拉链上穿好拉链头，然后在右侧拉链的下端剪掉1cm左右穿入拉链。

基础技法

① 做记号

在皮条的反面用方格尺画出垂直记号。请使用颜色鲜明的圆珠笔。

在皮条的两边(端)画出短记号就可以了。

② 皮条的裁剪方法

把剪刀与皮条垂直对齐裁剪。

③ 测量相同尺寸的皮条时的技巧

在把相同尺寸的皮条对齐裁剪的时候，建议把不容易滑动的反面相对再进行裁剪。

④ 在皮条的中心做记号

把皮条从中心对折，在反面用圆珠笔画出记号，或者使用夹子固定也可以。

⑤ 在皮条上做记号

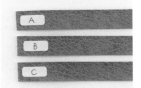

在制作方法页中把不同尺寸的皮条贴上A、B、C等记号。如果在比较复杂的情形下，最好提前准备好粘贴的记号纸，这样比较方便。

⑥ 使用夹子固定皮条

为了使组合好的皮条不散开，可以使用夹子临时固定。

⑦ 黏合剂的涂抹方法

反面的无纺布部分吸收黏合剂较快，所以在把正面和反面粘贴时通常在正面涂黏合剂，利用废弃皮革头将黏合剂均匀摊开，然后把两条皮条对合后用手压紧粘贴(参照P.17)。在反面和反面粘贴时要稍微多涂抹些黏合剂。

机缝介绍

家用缝纫机可以缝制吗？

如果是缝缝2~3片合成皮革的话，使用家用缝纫机的普通针和线是可以缝制的。如果缝3片以上时，建议使用厚皮条缝针和线。此时压脚不必更换成特殊压脚面(特氟龙压脚)。

缝纫错误时怎么办？

缝纫错误时拆掉缝线重新缝纫也是可以的。如果使用普通皮条的缝针，拆掉缝线后，留下的针孔也可以在数日内恢复，并不显眼。使用厚皮条的缝针和缝线时，针迹较粗，给人很结实的感觉。这时，拆掉缝线后会留下非常显眼的针孔，请根据个人喜好来选择。

注意！

建议使用黏合剂或是双面胶固定后再缝制，这样不容易错位。但是要注意机缝的部分不要涂抹过多的黏合剂，最好等黏合剂干燥后再开始缝制。

	普通皮条	厚皮条
机缝针	50~60号	30~40号
机缝线	11号	14号

在实验缝制后，
慢慢地缝制是重点

Technique 1

垂直编织

包底部的皮条是由垂直编织而完成的，
而立起的侧面皮条则在此处编织成环状。

 迷你提包

这是一款装饰有淡路结纽扣的迷你提包。
书中有带图片的制作方法介绍，
如果你可以制作完成此作品的话，
便可以掌握垂直编织的基础技巧了。
制作时，不需要机器缝制，使用黏合剂就可以了。

Made by 新居系乃
Lesson → P.17

皮条 宽1.5cm；1卷　成品尺寸 7.5cm × 9.5cm × 6.5cm

 宽窄相间的迷你提包

这是使用宽1.5cm和3cm的两种皮条编织而成的提包。
与作品A的皮条根数和编织方法相同，
但是加宽了一部分皮条的宽度，
因此可以制作出与作品A尺寸不同的包。

Made by 新居系乃
Lesson → P.20

皮条 宽1.5cm：1卷 宽3cm：1卷　成品尺寸 13.5cm × 14cm × 9cm

筐形包

这是一款包底与侧面使用了相同大小的
正方形编织的筐形包。
包口的部分则是使用黏合剂来固定。
固定提手的铆钉也成为突出的重点。
也可用机缝固定。

Made by 田中智子
How to make → P.50

皮条 宽3cm；3卷　成品尺寸 15cm × 15cm × 15cm

带装饰扣的单肩包

这是带有可爱的蕾丝装饰扣的单肩包。
单肩包的肩带是在完成主体后
从两侧皮条的间隙中穿过,
并在两端打结后即可完成,非常简单。

Made by 田中智子
How to make ➞ P.52

皮条 宽1.5cm:2卷 宽3cm:1卷 成品尺寸 12cm × 11cm × 8cm

亚麻包盖单肩包

这款单肩包波浪形的包盖充满了优雅的感觉。
由细皮条制作的装饰结是这款包装饰的重点。
肩带使用了1.5cm宽的皮条,垫肩部分使用了3cm宽的皮条。

Made by 田中智子
How to make ➝ P.54

皮条 宽1.5cm:4卷 宽3cm:1卷　成品尺寸 14cm × 23.5cm × 8cm

带布包的提包

这款提包还带有单独制作的布包。
布包的作用不只是为了使别人看不到提包里面的东西,
还可以遮挡住提包内侧,防止皮革起毛刺。
提手是使用3cm宽的皮条包裹提手芯制作而成的。

Made by 古木明美
How to make → P.56

皮条 宽1.5cm:4卷 宽3cm:1卷 成品尺寸 18.5cm × 24cm × 11cm

风车小肩包

这是一款使用磁铁纽扣开合的简单的小肩包。
上面装饰的风车是使用20cm长的另一种颜色的皮条，
改变方向插入皮条间隙制作而成的。
肩带的长度可以根据个人喜好进行调节。

Made by 古木明美
How to make → P.58

皮条 宽1.5cm：2卷 装饰用的其他颜色少许 成品尺寸 12cm×17cm×4.5cm

装饰结双色小肩包

本款与P.14作品的主体制作方法完全相同，
只是改变了皮条的颜色就可以享受双色版了。
装饰结可以根据喜好使用同样宽度的1.5cm皮条也可以。

Made by 古木明美
How to make ⟶ P.58

皮条 宽1.5cm 2种：主体2卷 配色用 1卷 宽3cm：少许 成品尺寸 12cm × 17cm × 4.5cm

弹簧口金单肩包

这是一款只是用3cm宽的皮条就制作的单肩包，肩带也是用它做成的。
包口处添加了包口布，在内部镶嵌了弹簧口金，让单肩包可以自由开合。
肩带是使用3cm宽的皮条对折后，
在两端使用缝纫机缝合，制作得非常结实。

Made by 新居系乃
How to make ➝ P.60

皮条 宽3cm：1卷　　成品尺寸 12cm×12cm×6cm（不含包口布）

Lesson 1

垂直编织

迷你提包
（P.8）

长14

7.5

9.5　6.5

材料

· 合成皮革：
　宽1.5cm深茶色（No.102）···480cm（1卷）
· Wax Cord（蜡绳）：
　粗0.1cm深茶色（No.3）···16cm
· 黏合剂···适量
· 宽1.2cm双面胶···适量

1 裁剪皮条

A 淡路结
　20cm 1根

　　　　　　　　　　　　　　　　　裁剪成
　　　　　　　　　　　　　　　　　0.5cm宽

B 提手
　17cm 2根

C 竖向皮条
　20.5cm 6根

D 横向皮条
　23.5cm 4根

E 侧面皮条
　32cm 4根

F 包口收尾用
　皮条32cm 2根

※在F的反面预先
　贴好双面胶

---

2 编织中央的横、竖皮条

C 竖向皮条

中心

D 横向皮条

① 横、竖皮条各2根，在各自的中央交互编织，然后用夹子固定。

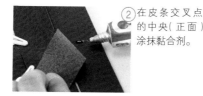

② 在皮条交叉点的中央（正面）涂抹黏合剂。

③ 利用废皮条将黏合剂摊平并按压粘贴。

3 编织剩余的横、竖皮条，制作包底

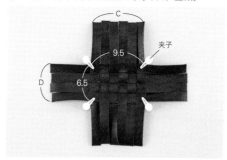

C

9.5

夹子

D　6.5

在步骤2编织的皮条的上、下、左、右编织剩余的横、竖皮条，然后用夹子固定四角。

---

4 将侧面的皮条围成环形，用黏合剂粘贴固定

重叠1cm后用黏合剂粘贴

E（正面）

用黏合剂固定粘贴侧面皮条的端头，将其制作成环。用同样方法制作4根。

① 使用黏合剂粘贴的窍门

① 在皮条的表面涂抹少量黏合剂。

② 利用废皮条等把黏合剂薄薄地摊开晾干。

③ 用手按压数秒使之粘贴。

④ 还可以使用夹子固定，放置一会儿。

5 编织制作成环形的侧面皮条

把侧面皮条的接头部分隐藏在反面

E（正面）
E（反面）
C（反面）
D（反面）

① 把步骤3中编织的底部翻过来，立起皮条端头，然后编织侧面的皮条。

E（反面）
C（反面）
D（反面）

② 图中是立起底部的皮条，编织好4根侧面皮条的情形。

③ 皮条的上端折回后使用夹子固定。

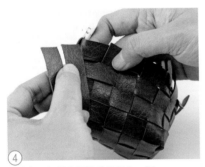

④ 使皮条之间没有间隙地编织在一起。

⑤ 当最后的皮条难以编入时，用力拉住侧面的皮条进行排挤制造空间。

⑥ 调节皮条之间的紧密程度并整理形状。

6 制作淡路结   ※将宽1.5cm、长20cm的皮条裁剪成宽0.5cm的皮条使用

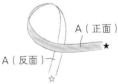

A（正面）
A（反面）

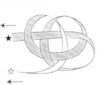

1～1.2
（正面）

把皮条向着正面，一边整理形状一边拉紧

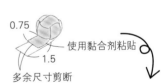

0.75
1.5

多余尺寸剪断

使用黏合剂粘贴

1.5   0.75

7 把淡路结和绳子粘贴到主体上

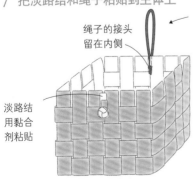

绳子的接头留在内侧

淡路结用黏合剂粘贴

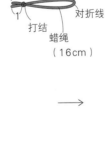

7
1
打结
对折线
蜡绳
（16cm）

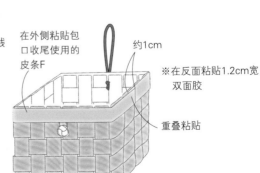

在外侧粘贴包口收尾使用的皮条F

约1cm

※在反面粘贴1.2cm宽双面胶

重叠粘贴

！这样的情形……

当遇到横、竖皮条比包口收尾处的皮条还要突出时，用剪刀剪掉。

8 制作提手

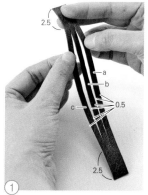

① 在7cm长的皮条的两端各留出2.5cm，剩余的中间部分用剪刀裁剪成0.5cm宽的小皮条。

② 运用3股辫编织的要领，在b的上方放上a，上面再放上c，然后再放上b。

③ 保持步骤②的状态，一边把提手的下端翻转到里面一边穿过左侧的环。

④ 在这个阶段皮条是扭曲的状态。

⑤ 接着保持步骤②的上部状态的情形，在b上面放上a，再放上c，然后再放上b。

⑥ 与步骤③相同，把提手的下端一边翻转一边穿入，这次是穿过右侧的环。

⑦ 到这里皮条的扭曲状态就解除了。步骤②～⑦为一组动作。

⑧ 重复编织4组动作后，调节皮条的紧密程度完成提手。提手制作2根。

9 将提手粘贴到主体上

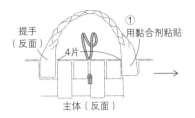

提手（反面）
①用黏合剂粘贴
4片
主体（反面）

②在内侧粘贴包口收尾用皮条F
（参照P.18）

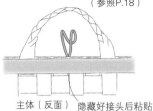

主体（反面）　隐藏好接头后粘贴

※皮条的端头不重叠，在侧边对齐后剪掉多余部分

完成

应用篇

B
（P.9）

宽窄相间的迷你提包

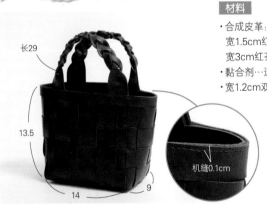

长29
13.5
14　9

机缝0.1cm

材料

· 合成皮革：
　宽1.5cm红茶色（No.4）…300cm（1卷）
　宽3cm红茶色（No.4）…500cm（1卷）
· 黏合剂…适量
· 宽1.2cm双面胶…适量

	配件	长	3cm宽	1.5cm宽
A、A′	竖向皮条	36.5cm	A3根	A′3根
B、B′	横向皮条	41cm	B2根	B′2根
C	侧面	47cm	4根	
D	包口收尾用	47cm		2根
E	提手外侧	31cm	2根	
F	提手内侧	29cm	2根	

横、竖皮条的编织方法

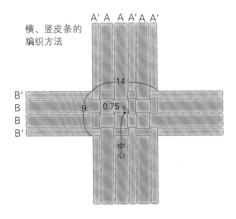

A′ A A A′ A A′

14
B′
B　9　0.75
B
B′
中心

制作方法

① 按照右上表格裁切皮条。
② 横、竖皮条按照右侧图示编织，侧面与作品A制作方法相同（P.17）。
③ 使用黏合剂把提手外侧和内侧背面相对黏合后如作品A所示，接合到主体上。
④ 包口的内侧、外侧皮条使用黏合剂粘贴，周围机缝。

〈提手的制作方法〉

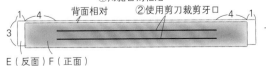

①用黏合剂粘贴
背面相对
②使用剪刀裁剪牙口
1　4　　4　1
3
E（反面）F（正面）

三股辫4组（参照P.19）

Technique 2

网代编织

包底部的皮条垂直编织，

侧面的皮条倾斜编织。

J

 多种颜色的迷你提包

本款是使用6种宽1.5cm的不同颜色的
皮条各2根制作的迷你提包。
P.23的作品是使用相同的编织方法,
用两色各6根制作的迷你提包。
当然1种颜色也可以制作得很可爱。
本书中有制作方法的介绍,可以从学习网代编织的基础开始。

Made by 新居系乃
Lesson —→ P.29

皮条 宽1.5cm 6种:各1卷(上图)   皮条 宽1.5cm 2种:各1卷(右图)

成品尺寸 8cm × 6.5cm × 6.5cm

K

 黑色大提包

本款与P.22作品J的主体的编织方法相同，
只不过更换成了宽幅皮条，又增添了皮条的根数。
因为增大了尺寸，所以包口和提手处
使用了缝纫机缝合，这样制作更结实。

Made by 新居系乃
Lesson → P.32

皮条 宽3cm：4卷　成品尺寸 27cm × 26cm × 13cm

带盖小肩包

这款小型的带盖小肩包，
尺寸刚好可以放入手机和钱包。
包盖是从后侧延续编织的。
还有由细小皮条制成的纽扣。

Made by 古木明美
How to make → P.62

| 皮条 | 宽1.5cm；2卷 | 成品尺寸 | 9cm × 11cm × 4.5cm |

M

单提手筐包

本款是只使用3cm宽的皮条制作的筐包。
在提手处装饰上花朵，
上面盖上蕾丝布片，营造出独特的气氛。
是一款不使用缝纫机缝制的作品。

Made by 田中智子
How to make → P.64

皮条 宽3cm；3卷　成品尺寸 16cm × 30cm × 13cm

N

长方形提包

本款与P.25作品使用的皮条宽度以及制作方法相同，
只是底部的编织方法和颜色有所不同，
完成后的整体印象也一下变得不同了。
把提手中间的一段对折，用缝纫机缝合，
可以很好地起到加固的作用。

Made by 古木明美
How to make ➜ P.66

| 皮条 | 宽3cm；3卷 | 成品尺寸 | 17cm × 35cm × 9cm |

竖长形肩包

因为使用了宽3cm的肩带，
所以是一款携带方便的肩包。
皮纽扣使用了与之前相同的方法，P.24的作品也有介绍。
包括P.8作品的淡路结纽扣，在多种作品中也有应用。

Made by 古木明美
How to make ➝ P.68

皮条 宽1.5cm：2卷　宽3cm：1卷　成品尺寸 16.5cm × 11cm × 4.5cm

两用肩包

本款是使用9根竖向暗褐色皮条、
9根横向粟棕色皮条编织底部,
按照P.30作品的方法编织后成了
2色无序排列配色的肩包。
安装好提手和肩带后就成了两用肩包。

Made by 新居系乃
How to make ➝ P.82

皮条 宽3cm 2种:2卷 3卷   成品尺寸 28cm × 22cm × 17.5cm

J 多种颜色的迷你提包
（P.22）

皮条的尖部成斜向45°角裁剪。另一侧对应裁剪。

8
6.5
6.5

材料

·合成皮革：
A/宽1.5cm深茶色(No.102)···65cm(1卷)
A'/宽1.5cm栗棕色(No.2)···65cm(1卷)
B/宽1.5cm茶色(No.1)···60cm(1卷)
B'/宽1.5cm暗褐色(No.103)···60cm(1卷)
C、D、E/宽1.5cm浅茶色(No.101)···110cm(1卷)
C'、E/宽1.5cm红茶色(No.4)···85cm(1卷)
·黏合剂···适量

1 裁剪皮条

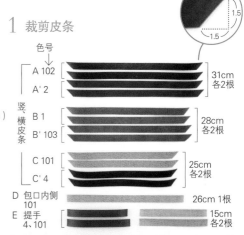

色号

A 102	31cm 各2根
A' 2	
B 1	28cm 各2根
B' 103	
C 101	25cm 各2根
C' 4	
D 包口内侧 101	26cm 1根
E 提手 4、101	15cm 各2根

竖、横皮条

---

2 中央的皮条A和A' 垂直编织

中心放大

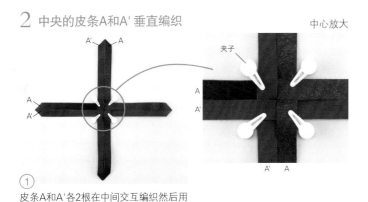

夹子

A' A
A
A'
A' A

① 皮条A和A'各2根在中间交互编织然后用夹子固定。

② 把皮条中央的交叉点使用黏合剂粘贴(参照P.17)。

---

3 编织横向皮条

中心放大

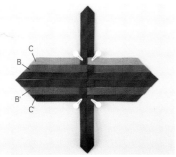

C
B
B'
C

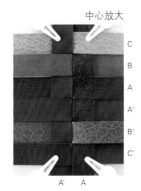

C
B
A
A'
A'
B'
C'

A' A

把横向皮条B、B'，C、C'各1根如图所示编织，中间部分用夹子固定。

4 编织竖向皮条

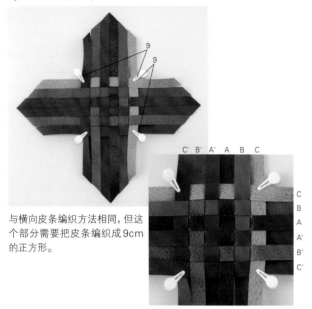

与横向皮条编织方法相同，但这个部分需要把皮条编织成9cm的正方形。

C' B' A' A B C

C
B
A
A'
B'
C'

5 在底部做记号

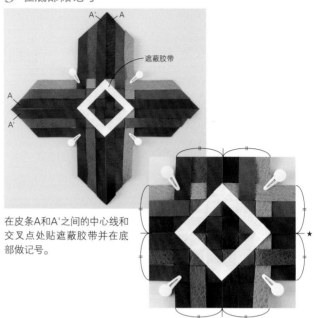

遮蔽胶带

在皮条A和A'之间的中心线和交叉点处贴遮蔽胶带并在底部做记号。

---

6 侧面皮条斜向编织（网代编织）

※介绍从右上步骤5的底部开始，编织图片的★记号开始编织的情形

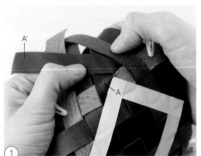

① 把底部角的皮条A和A'垂直交叉，拉住皮条后立起侧面。

② 相邻的皮条B和B'也是同样拉起后垂直编织。

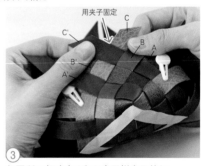

用夹子固定

③ 如图所示把皮条C和C'也同样交互编织。

在③编织后的情形

④ 接着，相邻的角也是用同样方法编织，单侧单侧地编织侧面。图中是编织完成后两个角的情形。

⑤ 编织完成全部的4个角后揭下底部的防护胶带。

⑥ 调整皮条均匀度，然后再整理形状。

7 包口进行收尾

① 包口皮条的端头全部使用黏合剂黏合（参照P.17）。

② 完成主体制作。侧边和中央之间的☆记号是提手缝合部分。

中央
侧边
☆
☆
侧边
中央

8 缝合提手

E4（正面）
对齐提手的角

① 首先把表侧提手与皮条对齐并使用黏合剂粘贴。

E101（正面）
侧边
侧边

② 内侧的提手与表侧提手对齐后使用黏合剂粘贴。另一侧的提手也用同样方法粘贴。

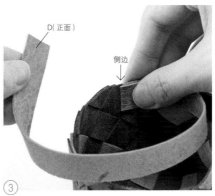

D（正面）
侧边

③ 皮条D的端头与侧边内侧对齐，对齐后剪掉多余重叠部分，然后用黏合剂粘贴。

侧边
D（正面）

④ 图是从侧面看到的情形。

\ 完成 /

前面

后面

J 双色版

（P.22）

（P.23）

材料

- 合成皮革:
  宽1.5cm浅茶色（No.101）…175cm（1卷）
  宽1.5cm暗褐色（No.103）…270cm（1卷）
- 黏合剂…适量

制作方法

① 皮条按照下表尺寸裁剪。
② 竖向、横向皮条按照下图所示方法编织，与作品J（P.30）的制作方法相同。

材料

- 合成皮革:宽3cm黑色（No.3）…18.55m（4卷）
- 直径1.2cm磁铁纽扣…1组　·黏合剂…适量

制作方法

① 皮条按照右上表尺寸裁剪。
② 横向、竖向皮条按照下图所示方法编织，与作品J（P.30）的制作方法相同。
③ 收尾处，夹住扣环布缝上处理包口收尾用的皮条。
④ 安装提手。

配件		长度	根数
Ⓐ	竖向皮条	94.5cm	3根
A	横向皮条	94.5cm	3根
B	竖向皮条、横向皮条	91.5cm	4根
C	竖向皮条、横向皮条	85.5cm	4根
D	竖向皮条、横向皮条	79.5cm	4根
E	包口收尾用	79cm	1根
F	提手外侧	45cm	2根
G	提手内侧	37cm	2根
H	扣环布	5cm	2根

配件		101	103	长度	根数
A、A'	竖向皮条、横向皮条	○	○	31cm	各1根
B、B'	竖向皮条、横向皮条	○	○	28cm	各2根
C、C'	竖向皮条、横向皮条	○	○	25cm	各2根
D	包口内侧		○	26cm	1根
E	提手		○	15cm	4根

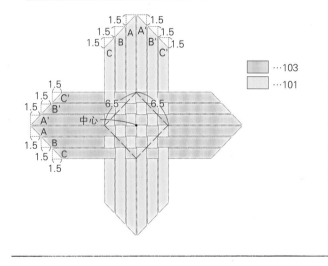

　…103
　…101

※Ⓐ是两端裁剪成斜角，B~D是只裁剪单面

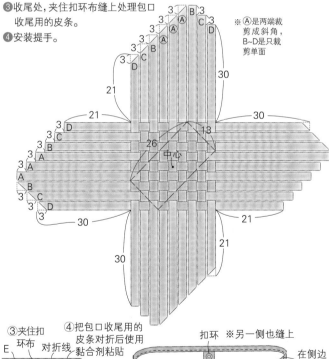

〈扣环的制作方法〉

扣环布（2根）

H

磁铁纽扣凸

对折

正面

对折线

※凹侧使用相同方法制作

〈处理包口〉

② 剪掉多余部分
① 一端使用黏合剂粘贴
黏合剂
主体（反面）

〈安装提手〉

背面相对　使用黏合剂粘贴
F外侧（反面）　G内侧（正面）

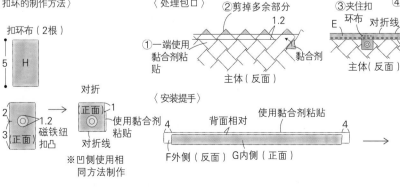

③ 夹住扣环布
E
对折线
主体（反面）
④ 把包口收尾用的皮条对折后使用黏合剂粘贴
⑤ 距边0.2cm机缝

扣环　※另一侧也缝上
在侧边重叠1.5~2cm
主体（正面）

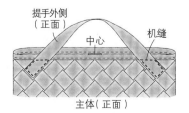

提手外侧（正面）
中心
机缝
主体（正面）

Technique 3

使用缝纫机制作的物品

将编织成平面状的皮片当作一块布料。

或是缝上侧面，或是缝上拉链，

用缝纫机将它做成包包和小物。

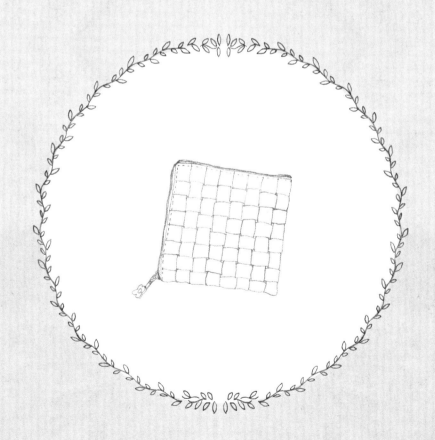

蕾丝手拿包

本款是使用3cm宽皮条制作的稍大点的手拿包。
蕾丝是最后夹在皮条缝隙里的, 然后使用黏合剂粘贴。
利用剩余的皮条制作的流苏,
先剪出细细的牙口, 然后卷起来用黏合剂固定。

Made by 田中智子
Lesson → P.44

皮条 宽3cm:1卷　　成品尺寸 15.5cm×15.5cm

 L形开口四方小包

这款是把拉链L形缝合的包包类型。
把皮条编织成平面状后，用双面奇异衬贴上里布，
这样它就像布料一样容易制作了。
因为有里布，所以也可以当作钱包使用。

Made by 新居系乃
Lesson → P.46

| 皮条 | 宽1.5cm；1卷 | 成品尺寸 | 12.5cm × 12.5cm |

L形开口长方小包

本款与P.35作品R的制作方法完全相同，
只是改变了皮条使用的数量。
是一款内侧没有隔开的简单制作，
把本作品当作钱夹、作品R当作零钱包也都可以。

Made by 新居系乃
How to make → P.47

皮条 宽1.5cm：1卷   成品尺寸 9.5cm × 17cm

口金小包

合成皮革质地柔软容易使用，
就连制作立体的口金小包也很方便。
由于里面有中袋，
所以可以当作小钱包、手机包、化妆包等。

Made by 新居系乃
How to make → P.70

皮条 宽1.5cm；1卷　成品尺寸 10cm × 11cm × 3cm

钥匙包

本款是使用编织绳捆绑使用的钥匙包。
与P.46作品的制作方法相同，
在编织成平面状的皮条反面，用双面奇异衬贴上里布。
这样的话，皮条不容易错位，像布料一样容易制作。

Made by 新居系乃
How to make → P.72

皮条 宽3cm：1卷　成品尺寸 12cm×7cm

带侧片的竖长肩包

本款主体是使用宽1.5cm的皮条、侧片是使用宽3cm的皮条，
各自编织成平面状后，使用缝纫机缝合制作的。
在包口、扣环布、肩带等处机缝，
使作品有了真皮一样的质感。

Made by 穴井裕美
How to make → P.74

皮条 宽1.5cm：3卷 宽3cm：1卷 成品尺寸 21.5cm × 13cm × 6cm

斜拉链小包

本款是把横向、竖向皮条编织成等腰三角形,
在底边(长边)缝合拉链,
折叠成四边形,然后机缝制作而成的。
与P.46作品制作方法相同,活用了双面奇异衬。

Made by 新居系乃
How to make ➝ P.76
皮条 宽1.5cm；1卷　成品尺寸 11cm × 11cm

毛皮手提包

本款是把宽3cm的皮条编织成平面状，正面相对对齐缝合两侧边，
然后把底部的侧片布呈三角状缝合后翻回到正面完成主体。
因为包口部分最后要用带毛皮的皮条覆盖，
所以可以不处理剪口。提手与主体可使用相同皮条。

Made by 穴井裕美
How to make ➝ P.78

皮条 宽3cm；3卷　　成品尺寸 21cm × 19cm × 12cm

wallet

钱包

本款是在内侧设计了卡片夹层和拉链袋的长方形钱包。
只有在装饰结的地方使用了宽3cm的皮条，
与主体使用同样的1.5cm宽的皮条制作也可以。
因为制作难度比较高，所以习惯了缝纫机的制作以后一定要挑战啊！

Made by 古木明美
How to make → P.85

皮条 宽1.5cm：2卷 宽3cm：20cm 成品尺寸 11cm × 20cm

Z

环形提手包

本款是把皮条编织成平面状后，
裁切出2块主体和1块底部并使用缝纫机缝合制作而成的。
包口和提手使用了真皮皮革。
提手使用的菱形圆錾开孔后，手缝制作。

Made by 穴井裕美
How to make ➞ P.80

皮条 宽3cm；4卷　　成品尺寸 19cm × 34cm × 10cm

使用缝纫机
制作的物品

蕾丝手拿包

（P.34）

材料

《包包》

· 合成皮革：
　宽3cm深茶色（No.102）…380cm（1卷）

· 拉链…20cm 2根

· 拉链头…1个

· 宽3cm蕾丝…20cm

· 蕾丝花片（2.5cm×10cm）…1个

· 黏合剂、宽0.3cm双面胶…各适量

《流苏》

· 合成皮革：
　宽3cm深茶色（No.102）…32cm

· 蜡绳：
　粗0.1cm深茶色（No.3）…20cm

※流苏的制作方法参照P.77

1 裁剪皮条

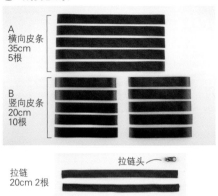

A
横向皮条
35cm
5根

B
竖向皮条
20cm
10根

拉链
20cm 2根

拉链头

---

2 编织中央的横向、竖向皮条

横向皮条中央

① 把1根横向皮条和2根竖向皮条在各自的中央部分交叉，然后用夹子固定。

② 黏合剂涂抹在交叉点的中央（表侧一方）。

③ 利用废弃的皮条把黏合剂摊平，然后用手按压粘贴。

3 编织横向皮条

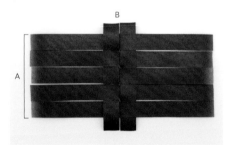

在编织的皮条的上面和下面分别编织剩余的横向皮条。

---

4 编织竖向皮条

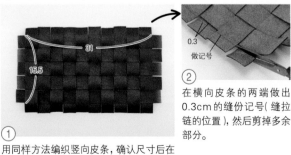

31

15.5

0.3

做记号

① 用同样方法编织竖向皮条，确认尺寸后在周围使用黏合剂固定（参照步骤2-②、③）。

② 在横向皮条的两端做出0.3cm的缝份记号（缝拉链的位置），然后剪掉多余部分。

5 临时固定拉链

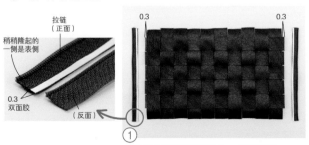

拉链
（正面）

稍稍隆起的
一侧是表侧

0.3

双面胶

（反面）

0.3

0.3

① 在拉链的正面侧粘贴0.3cm的双面胶。

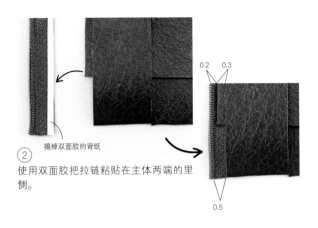

② 揭掉双面胶的背纸

使用双面胶把拉链粘贴在主体两端的里侧。

0.2 0.3
0.5

6 使用缝纫机缝合拉链

※在这里为了使读者容易看,使用了白色缝纫线,实际操作时请使用与皮条颜色相同的线

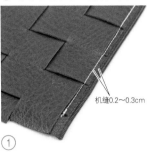

机缝0.2~0.3cm

① 在主体的两端临时固定好拉链后缝合。

剪掉

② 在拉链的左侧穿上拉链头,在右侧的拉链的头上剪掉1cm线圈然后插进拉链头。

③ 穿好拉链头的情形。

④ 为了不使拉链头脱落,在翻面的时候请使用夹子固定拉链。

7 机缝两侧边

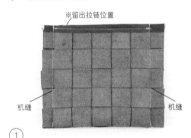

※留出拉链位置

机缝　　　　机缝

① 把主体正面相对对折,机缝两侧边。

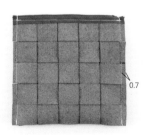

0.7

② 留出0.7cm的缝份后剪掉多余部分。

在拉链端头处进行漂亮的收尾处理

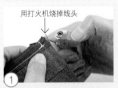

用打火机烧掉线头

① 拉链的端头容易脱线,所以可以用打火机快速烧掉线头。

漂亮的收尾

② 使用打火机烧掉线头,可以彻底地防止脱线。

＼ 完成 ／

蕾丝可以根据喜好……
使用锥子等把蕾丝嵌入皮条缝隙后再进行按压粘贴。

蕾丝

蕾丝

L形开口四方小包

（P.35）

材料

- 合成皮革：
  宽1.5cm栗棕色（No.2）…470cm（1卷）
- 里布用棉布、双面奇异衬…各12.5cm×24.5cm
- 拉链…53cm 1根
- 拉链头…1个
- 黏合剂…适量
- 宽0.3cm双面胶…适量

1 裁剪皮条,编织竖向、横向皮条（参照P.44）

配件		长度	根数
A	竖向皮条	15cm	16根
B	横向皮条	27cm	8根

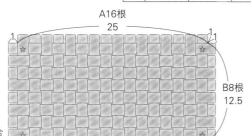

A16根
25

1 1

B8根
12.5

☆先使用黏合
剂粘贴四角

---

2 在主体里侧使用双面奇异衬粘贴里布

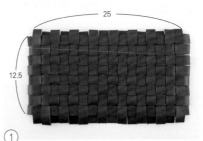

25
12.5

① 按照完成尺寸的大小紧密排列皮条,周围的皮条端头使用黏合剂固定。

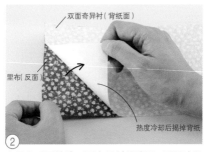

双面奇异衬（背纸面）

里布（反面）

热度冷却后揭掉背纸

② 在里布反面粘贴双面奇异衬的胶面,用熨斗熨烫粘贴,然后揭掉背纸。

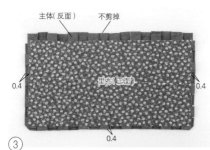

主体（反面）　不剪掉

里布（正面）

0.4　　　0.4

0.4

③ 把主体里侧与里布反面对齐,使用熨斗熨烫粘贴,除长边以外,留出0.4cm后剪掉多余部分。

留出0.2cm

0.4

0.4　　剪掉角

---

3 准备拉链

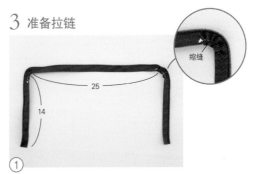

缩缝

25

14

① 在拉链的2个折角处缩缝,固定弯角。

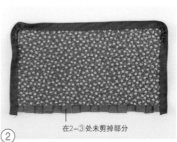

在2-③处未剪掉部分

② 在拉链的缝份处粘贴双面胶,然后在主体的里侧粘贴拉链（参照P.44、45）。

4 机缝拉链

0.2

① 使用缝纫机从正面开始缝合拉链。

② 把拉链头穿到拉链上, 然后用夹子固定拉链端头(参照P.45步骤6)。

---

5 机缝侧边

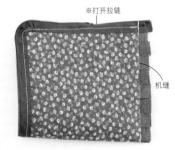

※打开拉链

机缝

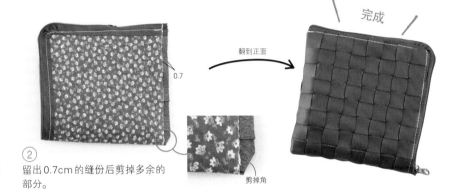

0.7

翻到正面

完成

剪掉角

① 把主体翻过来使正面相对对折, 然后再机缝侧边。

② 留出0.7cm的缝份后剪掉多余的部分。

应用篇

$\mathcal{S}$ **L形开口长方小包**
(P.36)

9.5

17

材料

·合成皮革:
 宽1.5cm栗棕色(No.2)···480cm(1卷)
·里布用棉布、双面奇异衬···各17cm×18cm
·拉链···60cm 1根
·拉链头···1个
·黏合剂、宽0.3cm双面胶···各适量

制作方法

❶皮条按照右图标记尺寸裁剪。
❷横向、竖向皮条按照右图所示进行编织,用与作品R(P.46)同样方法制作。

☆先使用黏合剂粘贴四角

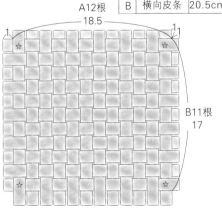

A12根
18.5
1   1

B11根
17

	配件	长度	根数
A	竖向皮条	19cm	12根
B	横向皮条	20.5cm	11根

\封底的作品 /

使用剩余的皮条制作的 迷你模型包

使用剩余的皮条和黏合剂就可以制作的迷你模型包。
皮条的宽度只有一半的粗细容易散开，
所以建议在底部使用黏合剂粘贴固定结实。
多制作一些当作陈列品也很可爱啊。

*s…宽1.5cm皮条、1／2s…宽0.75cm皮条(用剪刀将宽1.5cm的皮条裁剪成一半的宽度)

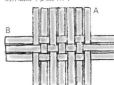

材料
·合成皮革：
宽1.5cm浅茶色(No.101)…105cm
*皮条A~D：宽1/2 s

	配件	长度	根数
A	竖向皮条	9.5cm	7
B	横向皮条	13cm	3
C	侧面皮条	17.5cm	4
D	提手	11cm	2

1 编织底部
交互编织竖向、横向皮条，
制作底部(参照P.17)

2 侧面皮条制作成环状
重叠0.5cm后使用
黏合剂粘贴

4 包口收尾
使用黏合剂
粘贴包口皮
条的端头

3 编织侧面
立起步骤1的竖向皮
条和横向皮条交互
编织步骤2的侧面皮
条(参照P.18)

5 粘贴提手

材料
·合成皮革：
宽1.5cm暗褐色(No.103)…65cm
*皮条A~D：宽1/2 s；皮条E：宽1/4 s

	配件	长度	根数
A	侧面皮条上	18cm	1
B	侧面皮条下	17cm	1
C	竖向皮条	11cm	4
D	提手	8cm	2
E	编织绳	12cm	2

1 把侧面皮条制作成环状
重叠0.5cm后使用黏合剂粘贴

2 粘贴竖向皮条
把竖向皮条2根
1组呈十字形对
合，贴合在底部
中央

**4 在包口上粘
贴编织绳**

3 在侧面皮条上粘贴竖向皮条
②在侧面皮条A上
粘贴竖向皮条的
端头
①把侧面皮条B
交互穿过竖向
皮条
③粘贴侧面皮条B
与竖向皮条的交
叉点

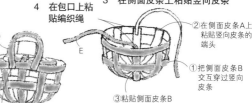

5 粘贴提手

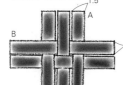

材料
·合成皮革：
宽1.5cm红茶色(No.4)…100cm
*皮条A~C：宽s；皮条D：宽1/2 s

	配件	长度	根数
A	竖向皮条	9cm	3
B	横向皮条	10.5cm	2
C	侧面皮条	17cm	2
D	提手	10cm	1

1 编织底部
交叉横向皮条和竖向皮条，
编织底部(参照P.17)

2 把侧面皮条制作成环状
重叠1cm后使用黏合剂粘贴

4 包口收尾
使用黏合剂
粘贴包口皮
条的端头

3 编织侧面皮条
立起步骤1的横向皮条
和竖向皮条。交互编织
侧面皮条(参照P.18)

5 粘贴提手

材料
·合成皮革：
宽1.5cm黑色(No.3)…110cm
*皮条A、B、D：宽1/2 s；
皮条C：宽s

	配件	长度	根数
A	竖向皮条	13cm	4
B	横向皮条	13cm	4
C	侧面皮条	15cm	3
D	提手	9cm	2

1 编织底部
交叉横向皮条和竖向皮条，
编织底部(参照P.17)

2 把侧面皮条制作成环状
重叠1cm后使用黏合剂粘贴

3 编织侧面皮条
立起步骤1的横向皮条
和竖向皮条。交互编织
侧面皮条(参照P.18)

4 包口收尾
使用黏合剂粘贴
包口皮条的端头

5 粘贴提手

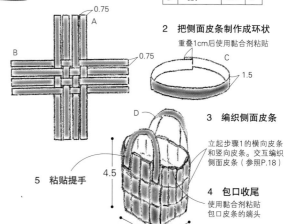

制作方法

* 本书中将合成皮革裁剪的条状简称为"皮条"

* 制作图的尺寸全部使用厘米(cm)为单位

* 皮条的裁剪尺寸是包含了黏合剂贴合重叠部分与缝份的尺寸。因为单卷尺寸是5m包装，在制作中会出现尺寸不足的情形，请使用黏合剂粘贴连接，在主体等不容易看到的地方使用

* 制作图的各部位尺寸是制图的成品尺寸(也有宽松尺寸的情形)。根据皮条宽度、根数、编织松紧度的不同，成品尺寸会发生变化。底部的尺寸尽量按照标记尺寸制作，在编织侧面皮条前请测量调整底部

* 合成橡胶圈系的黏合剂污渍在未干燥前可以用手揭掉或是使用胶带粘贴再揭下来；刚刚干燥时，可以使用硬质橡皮蹭掉；干燥数日的污渍可以使用在温水中浸湿的布擦掉

铆钉的安装方法

铆钉的零件:铆钉帽、铆钉
需要的工具:圆錾、冲子、万用环状台、木槌

【安装方法】
①使用圆錾在皮条上开孔。
②在皮条的反面从开孔中穿过铆钉。
③从正面在铆钉上装上铆钉帽。
④放置在万用环状台上(凹面)，用冲子顶住后使用木槌敲击钉入。

单面铆钉(正面)　　(反面)

双面铆钉(正面)　　(反面)

金属扣眼的安装方法

金属扣眼的零件:扣眼环、垫片
需要的工具:圆錾、冲子、万用环状台、木槌

【安装方法】
①使用圆錾在皮条上开孔。
②在皮条的正面从开孔中穿过扣眼环。
③从反面在扣眼环上对齐垫片。
④放置在万用环状台上(凹面)，用冲子顶住扣眼环的孔内后使用木槌敲击。

(正面)

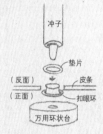

(反面)

四合扣的安装方法

四合扣的零件:上扣扣面、上扣、下扣、下扣底座
需要的工具:圆錾、冲子、万用环状台、木槌

【安装方法】
①使用圆錾在皮条上开孔。
②在皮条的正面从开孔中插入上扣扣面(另一侧从反面插入下扣底座)。
③在②的零件上扣上上扣(另一侧扣上下扣)。
④放置在万用环状台的凹面(和凸面)上，顶住冲子使用木槌敲击钉入。

上扣扣面　　上扣

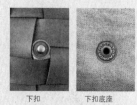

下扣　　下扣底座

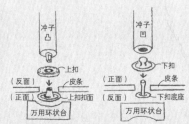

磁铁扣的安装方法

磁铁扣的零件:磁铁扣1组(凹、凸)、垫片2个
需要的工具:裁刀、钳子

【安装方法】
①利用垫片在磁铁扣的接脚插入位置的反面做出记号。
②使用裁刀在①的记号处剪开一个小口。
③把磁铁扣凹(和凸)的接脚插入②的小口，对齐垫片。
④用钳子把磁铁扣接脚向外侧弯曲固定。
⑤裁剪3cm大小的皮条，使用黏合剂粘贴在磁铁扣垫片上遮盖加固。

磁铁扣凸

磁铁扣凹

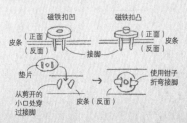

 筐形包

材料

《主体》
- 合成皮革：
  宽3cm暗褐色（No.103）…11.2m（3卷）
- 直径0.9cm单片铆钉…2组
- 黏合剂…适量

《装饰布》
- 刺绣亚麻布…26cm×48cm
- 皮革绳…0.3cm×90cm
- 宽2.5cm缎带…6cm

成品尺寸

高15cm×底15cm×15cm

制作方法

❶交互编织竖向皮条和横向皮条，制作包底。
❷再翻到反面立起皮条的端头，编织成环状的侧面C。
❸包口留出5cm裁剪整齐折回粘贴到反面。把D的两块制作成环状粘贴在包口里。
❹制作提手，在主体侧面的C处插入后安装铆钉。
❺制作装饰布，用皮革绳连接在提手上。

1　编织底部

在①上重叠②交互编织A、B

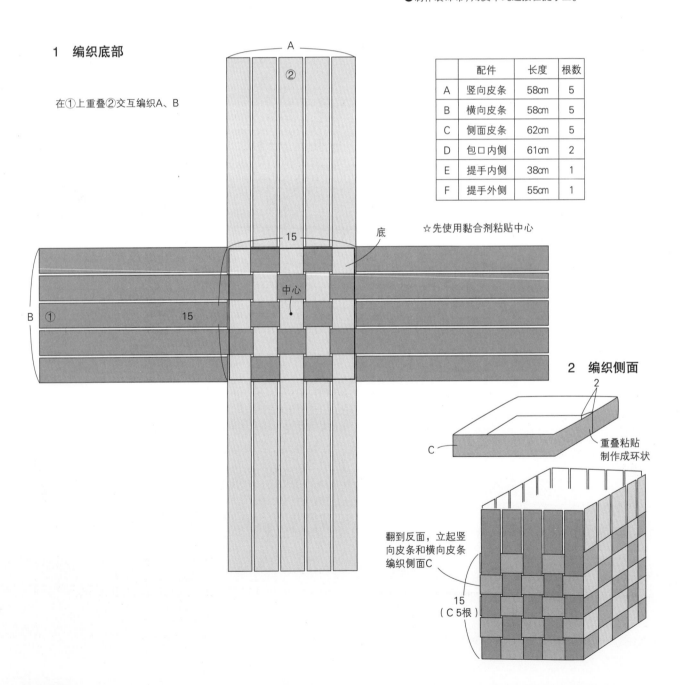

☆先使用黏合剂粘贴中心

配件		长度	根数
A	竖向皮条	58cm	5
B	横向皮条	58cm	5
C	侧面皮条	62cm	5
D	包口内侧	61cm	2
E	提手内侧	38cm	1
F	提手外侧	55cm	1

2　编织侧面

重叠粘贴
制作成环状

翻到反面，立起竖向皮条和横向皮条编织侧面C

15
（C 5根）

3 处理包口

在包口内侧粘贴D

裁剪整齐

5

C第5行

C第4行

主体（正面）

折回到反面用
黏合剂粘贴

折回

主体（反面）

重叠
3

D（反面）

排列粘贴D的2块

在侧面的中心
对齐重叠部分

D（正面）

D（正面）

主体（正面）

4 安装提手

把E和F背面相对对齐

8.5

38

8.5

E（正面）

F（反面）

55

背面相对

F（正面）

E（正面）

另一侧也使用
同样方法插入

插入到
C第4行

B①

装上铆钉
（参照P.49）

使用黏合
剂粘贴

端头不粘贴

装饰布

机缝

把皮革绳对折

0.8

对折线

1.5

宽0.3cm皮革绳（45cm）

5.5

0.7

折二折后机缝

1.5

4

6

2.5

缎带

22

刺绣亚麻布（正面）

周围机缝后抽
线制作褶皱

48

完成图

把皮革绳系
在提手上

15

15

15

带装饰扣的单肩包

P.11的作品

材料

- 合成皮革:
  宽1.5cm浅茶色(No.101)…870cm(2卷)
  宽3cm浅茶色(No.101)…65cm(1卷)
- 直径3cm装饰纽扣1颗
- 黏合剂…适量

成品尺寸

高12cm×底11cm×8cm

制作方法

❶ 交互编织竖向皮条和横向皮条,制作底部。
❷ 再翻到反面,立起皮条编织侧面。
❸ 在包口外侧粘贴皮条F,内侧对折后粘贴固定。
❹ 把扣带安装在后侧。
❺ 安装肩带。
❻ 在前面安装装饰扣。
※所介绍作品全部使用黏合剂粘贴制作,但是在包口处
　机缝压线,可以使作品更显得制作精细

1 编织底部

在①上重叠②交互编织A、B

☆先使用黏合
　剂粘贴中心

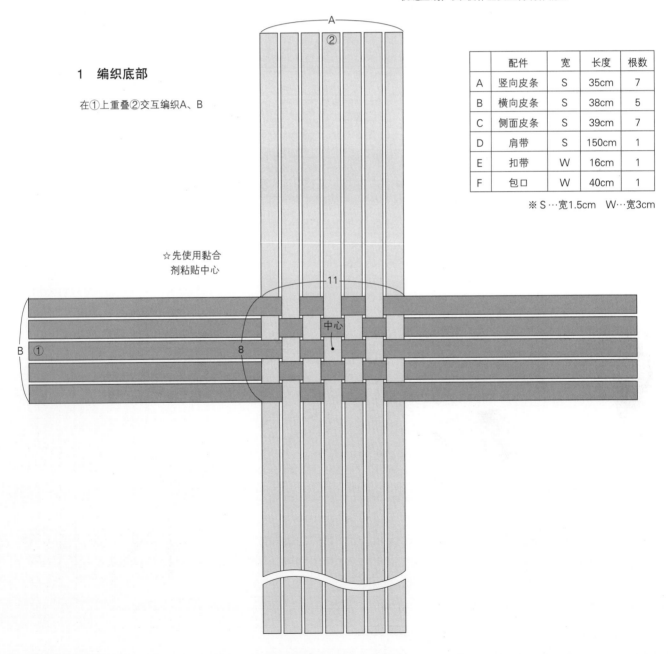

	配件	宽	长度	根数
A	竖向皮条	S	35cm	7
B	横向皮条	S	38cm	5
C	侧面皮条	S	39cm	7
D	肩带	S	150cm	1
E	扣带	W	16cm	1
F	包口	W	40cm	1

※ S…宽1.5cm　W…宽3cm

2 编织侧面

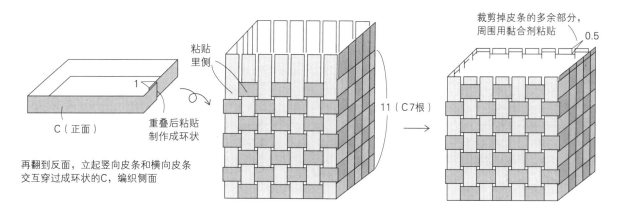

C（正面）

粘贴
里侧

重叠后粘贴
制作成环状

再翻到反面，立起竖向皮条和横向皮条
交互穿过成环状的C，编织侧面

1

11（C7根）

裁剪掉皮条的多余部分，
周围用黏合剂粘贴

0.5

3 包口收尾

在外侧粘贴F

重叠1cm后粘贴

F（正面）

3

1

对折F后粘贴在内侧

F（正面）

对折线

1.5

4 安装扣带

3

1.5

4

16

E

剪牙口

E
（正面）

机缝

2

4

A
②
后侧

使用黏合剂粘贴

5 安装肩带

在C第5行和第3行
处插入提手

D（正面）150cm

C第5行

C第3行

B①

打结

※另一侧使用同
样的方法安装

6 安装装饰纽扣

前面（正面）

3

3

装饰纽扣

A②

使用锥子或圆錾打孔，
穿到内侧缝合固定

装饰纽扣

完成图

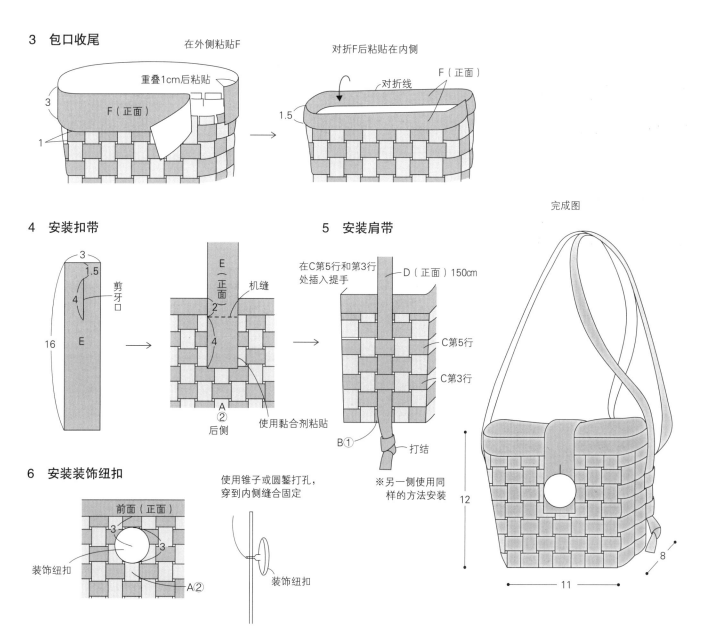

12

11

8

 亚麻包盖单肩包

P.12的作品

材料

- 合成皮革：
  宽1.5cm黑色（No.3）…19.1m（4卷）
  宽3cm黑色（No.3）…50cm（1卷）
- 兜盖用亚麻布 米色、黑色…各30cm×20cm
- 直径1.4cm磁铁扣…1组
- 内径2.2cmD形环…2个
- 黏合剂…适量

成品尺寸

高14cm×底23.5cm×8cm

制作方法

❶交互编织A和B，制作底部。
❷翻到反面，立起皮条编织侧面。
❸把竖向皮条和横向皮条间隔1根留出3.5cm裁剪整齐。
❹把剩余的皮条向内侧折回后粘贴。在B②穿上D形环后折回。
❺制作兜盖。
❻在主体后面缝合兜盖。
❼在包口反面并排粘贴两块D。
❽安装肩带。
❾在前面安装磁铁扣，兜盖上安装皮带装饰结。

	配件	宽	长度	根数
A	竖向皮条	S	46cm	15
B	横向皮条	S	62cm	5
C	侧面皮条	S	63cm	9
D	包口内侧	S	62cm	2
E	肩带	S	178cm	1
F	皮带装饰结	S	26cm	1
G	皮带	W	21cm	1
H	垫肩	W	15cm	1

※S…宽1.5cm　　W…宽3cm

1　编织底部

在①上重叠②，交互编织A和B

☆先使用黏合剂粘贴中心

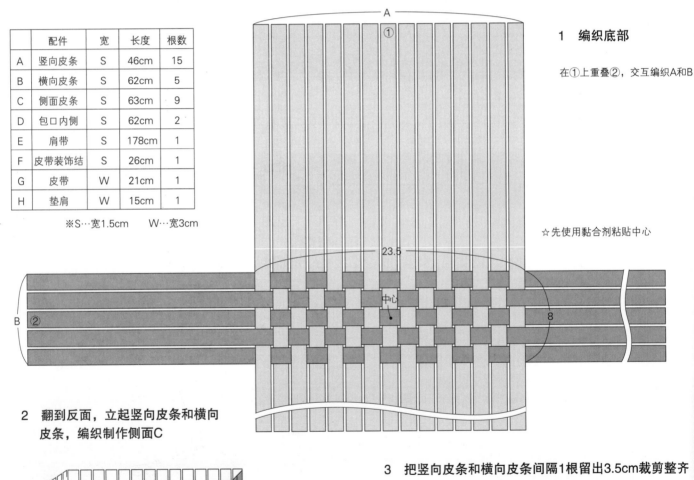

2　翻到反面，立起竖向皮条和横向皮条，编织制作侧面C

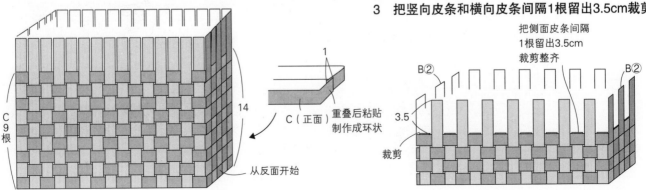

3　把竖向皮条和横向皮条间隔1根留出3.5cm裁剪整齐

把侧面皮条间隔
1根留出3.5cm
裁剪整齐

4 处理包口

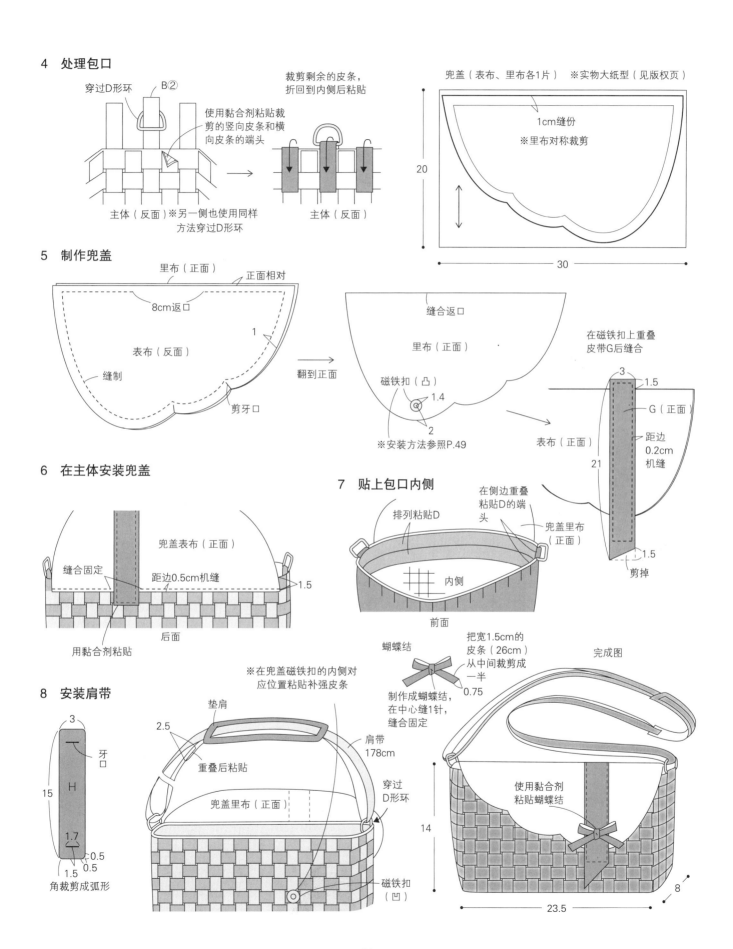

穿过D形环

B②

使用黏合剂粘贴裁剪的竖向皮条和横向皮条的端头

主体（反面）※另一侧也使用同样方法穿过D形环

裁剪剩余的皮条，折回到内侧后粘贴

主体（反面）

兜盖（表布、里布各1片）　※实物大纸型（见版权页）

1cm缝份

※里布对称裁剪

20

30

5 制作兜盖

里布（正面）　正面相对

8cm返口

表布（反面）

缝制

剪牙口

1

翻到正面

缝合返口

里布（正面）

磁铁扣（凸）

1.4

2

※安装方法参照P.49

表布（正面）

在磁铁扣上重叠皮带G后缝合

3　1.5

G（正面）

距边0.2cm机缝

21

1.5

剪掉

6 在主体安装兜盖

缝合固定

距边0.5cm机缝

1.5

兜盖表布（正面）

用黏合剂粘贴

后面

7 贴上包口内侧

排列粘贴D

在侧边重叠粘贴D的端头

兜盖里布（正面）

内侧

前面

8 安装肩带

3

牙口

H

15

1.7

0.5

0.5

1.5

角裁剪成弧形

垫肩

2.5

重叠后粘贴

兜盖里布（正面）

※在兜盖磁铁扣的内侧对应位置粘贴补强皮条

肩带178cm

穿过D形环

磁铁扣（凹）

蝴蝶结

把宽1.5cm的皮条（26cm）从中间裁剪成一半

0.75

制作成蝴蝶结，在中心缝1针，缝合固定

完成图

使用黏合剂粘贴蝴蝶结

14

23.5

8

带布包的提包

材料

《主体》
· 合成皮革：
　宽1.5cm栗棕色（No.2）…18.7m（4卷）
　宽3cm栗棕色（No.2）…235cm（1卷）
· 粗0.5cm棉绳…80cm（提手芯用）
· 黏合剂…适量
《布包》
· 布包用双层纱布…110cm×50cm
· 直径0.3cm绳子…200cm

成品尺寸

高18.5cm×底24cm×11cm

制作方法

❶交互编织竖向皮条和横向皮条制作包底。
❷翻到反面，立起皮条编织侧面。
❸把包口皮条D、E背面相对对齐制作缝合成环，缝合到主体。
❹制作提手，安装在主体上。
❺制作布包。

1 编织底部

底部中心在①上重叠②，
再交互编织A、B

☆先使用黏合剂粘贴中心

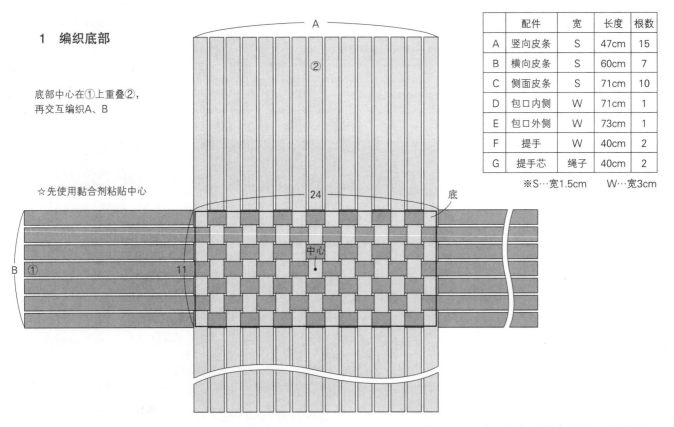

	配件	宽	长度	根数
A	竖向皮条	S	47cm	15
B	横向皮条	S	60cm	7
C	侧面皮条	S	71cm	10
D	包口内侧	W	71cm	1
E	包口外侧	W	73cm	1
F	提手	W	40cm	2
G	提手芯	绳子	40cm	2

※S…宽1.5cm　　W…宽3cm

2 编织侧面

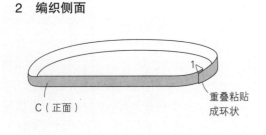

C（正面）

重叠粘贴
成环状

主体翻到反面，将竖向皮条和横向皮条立起编织侧面

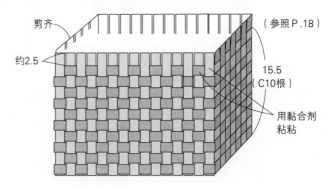

剪齐

约2.5

（参照P.18）

15.5
（C10根）

用黏合剂
粘粘

3 处理包口，把D、E背面相对对齐制作成环状

※D的端头重叠1cm，
E的端头重叠2cm后
使用黏合剂粘贴

距边0.2cm机缝 背面相对

D（正面）
1
★
E（正面）
3
2

夹住竖向皮条和
横向皮条的端头↓

重叠

★

重叠部分在侧边对齐
距边0.2cm机缝

D（正面）
E（正面）
主体（正面）

4 制作提手

1.5
3
1.5
40
角裁剪成弧形
1.5
1.5

折一折
对折线

0.2
（正面）
机缝

穿过线绳

※制作2根

提手
中心
机缝
主体（正面）

布包、包口布（2片）

3cm缝份
2
33
19
15
1cm缝份
37

1 缝制包口布

包口和侧边折
二折后缝合
2
1

②机缝
①机缝

1
包口布（反面）

2 缝合主体 ※用同样方法缝合中袋

1
主体（反面）
1
缝制
缝制

缝制侧片
1

主体、中袋（各1片）
1cm缝份
33
18
48
10cm返口
（用于中袋）
1cm缝份
5
5
5
5
底中心对折线
35

3 组合

主体（反面） 正面相对
假缝0.7cm
包口布（反面）
主体（正面）

重叠中袋

主体（反面）
缝制1cm
10cm返口
中袋（反面）

4 翻到正面缝合返口

中袋（正面）
缝合返口
包口布（反面）
主体（正面）

5 穿上绳子

0.3cm绳子（100cm）
包口布（正面）
交错穿过2根绳子后打结
0.1 机缝
主体（正面）

完成图
18.5
11
24

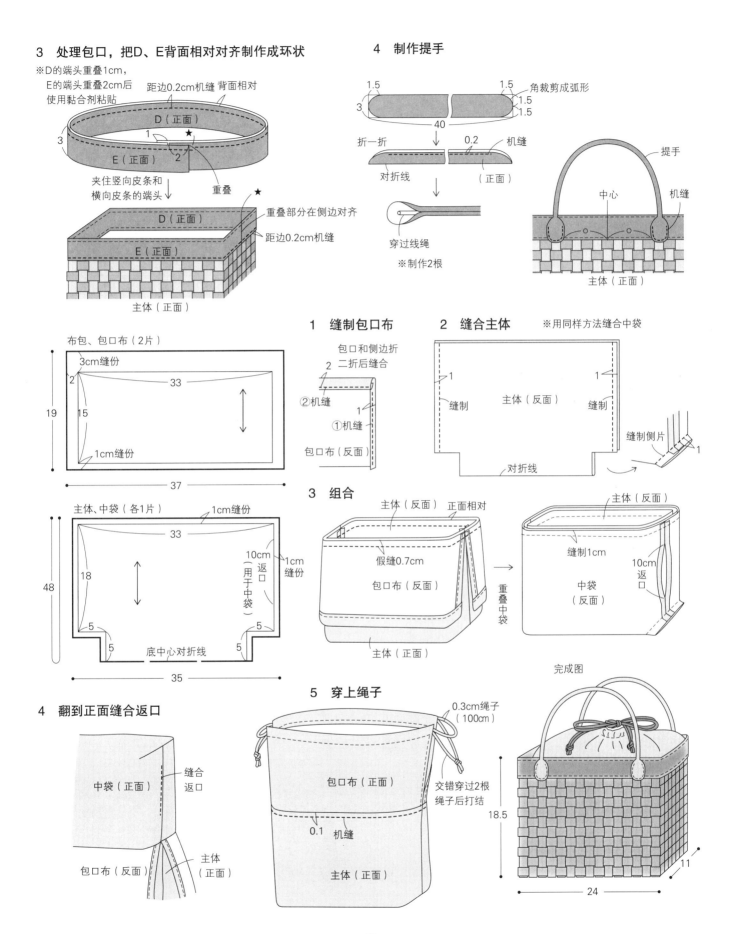

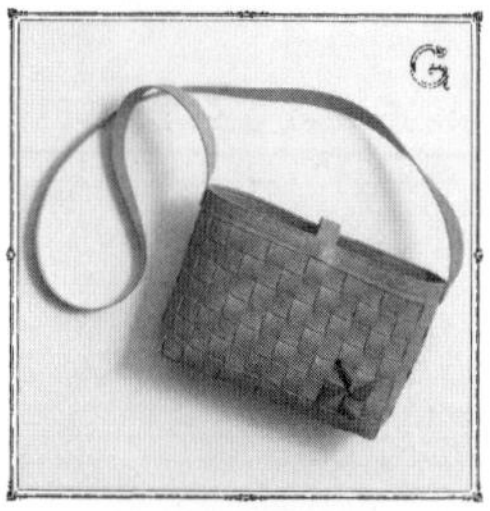
G

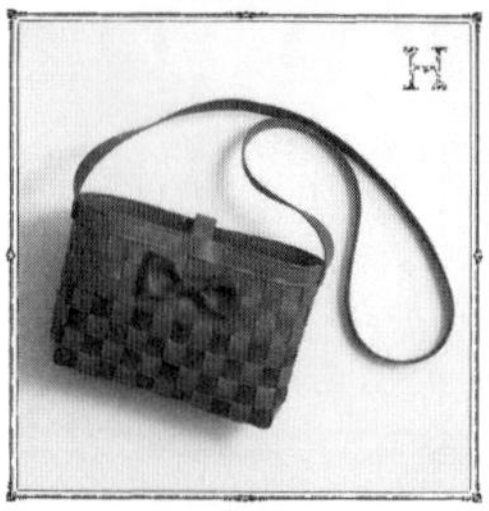
H

G、H 风车小肩包、装饰结双色小肩包

P.14、15的作品

材料

《作品G》
- 合成皮革：
  宽1.5cm浅茶色（No.101）…990cm（2卷）
  宽1.5cm茶色（No.1）…20cm（1卷）
- 直径1.4cm磁铁扣…1组

《作品H》
- 合成皮革：
  宽1.5cm茶色（No.1）…820cm（2卷）
  宽1.5cm红茶色（No.4）…190cm（1卷）
  宽3cm红茶色（No.4）…15cm
- 直径1.4cm磁铁扣…1组
- 直径0.1cm粗绳…10cm
- 皮革用手缝线…适量（通用）
- 黏合剂…适量（通用）

成品尺寸

高12cm×底17cm×4.5cm

制作方法

❶交互编织竖向皮条和横向皮条，制作包底。
❷翻到反面，立起皮条编织侧面。
❸制作扣环。
❹裁剪掉皮条上部的多余部分，粘贴在包口外侧。
❺在内侧粘贴扣环和包口内侧使用缝纫机缝制。
❻肩带缝合在侧边。
❼作品G装饰上风车形状装饰。作品H用绳系上制作的装饰结。

	配件	作品H No.1	作品H No.4	作品G No.101	长	根数
A	竖向皮条	○		○	31.5cm	11
B	横向皮条	○		○	44cm	3
C	侧面皮条		○		44cm	4
D	侧面皮条	○			44cm	3
E	侧面皮条			○	44cm	7
F	包口外侧	○		○	45cm	1
G	包口内侧	○		○	44cm	1
H	扣环用	○		○	16cm	1
I	肩带	○		○	87cm	1
J	装饰结		○W		15cm	1
K	装饰结中央		○S		5cm	1
L	风车	○			20cm	1

※S…宽1.5cm（※除了装饰结，其他的都用S） W…宽3cm

1 编织底部

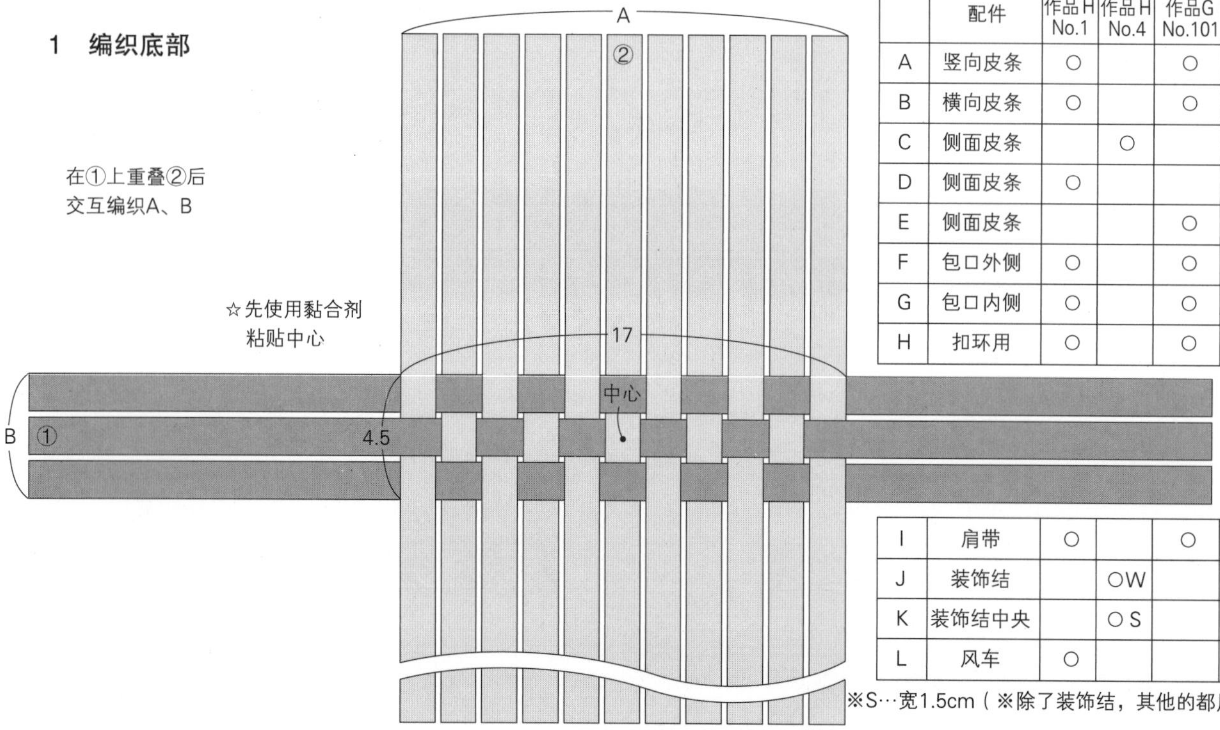

A
②
在①上重叠②后
交互编织A、B
☆先使用黏合剂
粘贴中心
17
中心
B
①
4.5

2 编织侧面

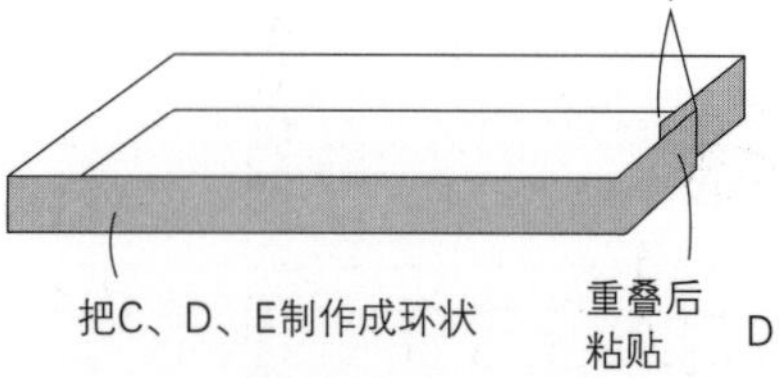

1
把C、D、E制作成环状
重叠后
粘贴

翻到反面，立起竖向皮条和横向皮条，分别穿过制作成环状的C、D、E编织侧面

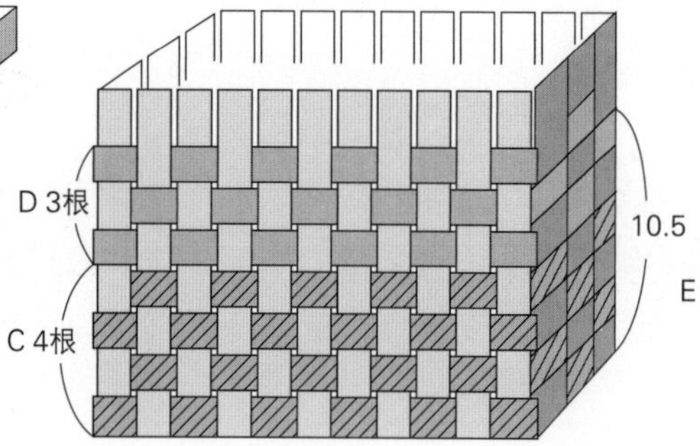

［作品H］
D 3根
C 4根
10.5

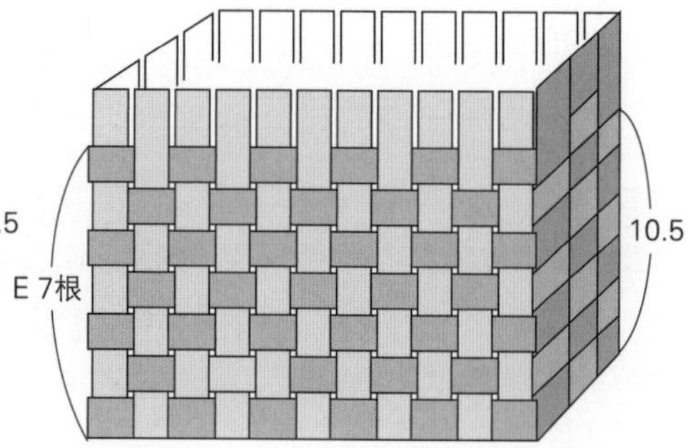

［作品G］
E 7根
10.5

3 制作扣环

8　　　1.5　　磁铁位置

1.5

16

↓

涂上黏合剂

H（反面）

磁铁扣（凹反面）（参照P.49）

折一折

距边0.2cm机缝

对折线

4 粘贴包口外侧

对齐F后裁剪竖向皮条和横向皮条

F（正面）

D第7行

↓

粘贴外侧

重叠粘贴

1

5 粘贴包口内侧缝制

6.5

把扣环贴在主体内侧

1.5

A②

主体（正面）

侧边　　约11　　前面中心

G（正面）

磁铁扣（凸面）

粘贴在内侧

重叠1cm粘贴

距边0.2cm机缝

磁铁扣（内侧）

A②

6 安装肩带

使用黏合剂粘贴后用圆錾打孔，然后用皮革用手缝线缝合

（正面）

✕

※另一侧也用相同方法缝合

B①

安装风车装饰（作品G）

① 插入　翻到正面插入　装饰皮条 L（反面）　1.5　20

② 翻到正面插入

③ 重复　剪掉多余部分，开始处和结尾处使用黏合剂粘贴

完成图（作品G）

7 安装装饰结（作品H）

后面　　在中心部位对齐

3　　　7.5　　装饰结 J（15cm）

↓

前面　　中心部分向内折

向外折后缝合

后面　　1.5

装饰结中央 K（5cm）

后面

粗绳（10cm）

卷针缝缝合

完成图（作品H）

从编织缝隙中穿过粗绳在内侧打结

12

17

4.5

 弹簧口金单肩包

P.16的作品

材料

· 合成皮革:
  宽3cm深茶色(No. 102)···460cm(1卷)
· 中袋用印花棉布···65cm×25cm
· 宽14cm带9字针口金···1个
· 直径0.6cm双面铆钉···2组
· 宽1.2cm钩扣···1个
· 黏合剂···适量

成品尺寸

高12cm×底12cm×6cm(不含包口布)

制作方法

❶ 交互编织A和B,制作底部。
❷ 再翻到反面,立起皮条编织侧面。使用黏合剂粘贴包口后裁剪整齐。
❸ 制作中袋。
❹ 在中袋上制作穿过弹簧口金穿口。
❺ 在主体中放入中袋缝合。
❻ 安装口金。
❼ 制作肩带,安装在带9字针口金上。

	配件	长度	根数
A	竖向皮条	32cm	4
B	横向皮条	38cm	2
C	侧面皮条	38cm	4
D	肩带	95cm	1

1 编织底部

把A和B交互编织

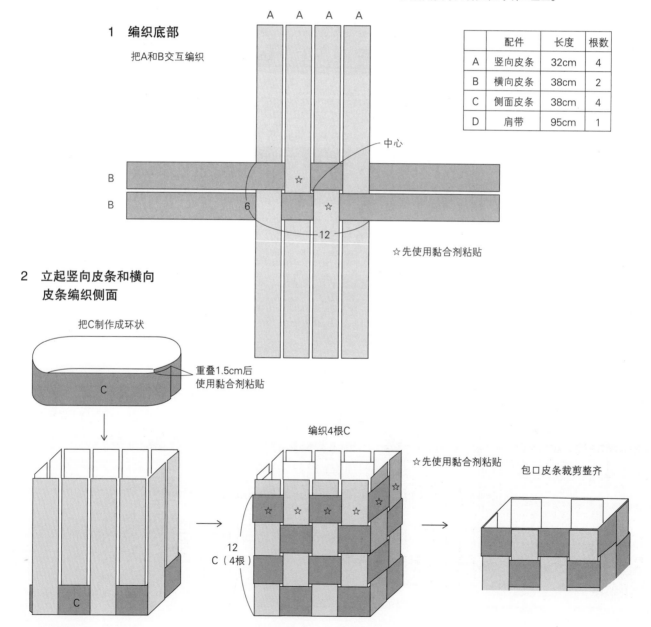

2 立起竖向皮条和横向皮条编织侧面

把C制作成环状

重叠1.5cm后使用黏合剂粘贴

编织4根C

☆先使用黏合剂粘贴

包口皮条裁剪整齐

12
C（4根）

☆先使用黏合剂粘贴

3 制作中袋

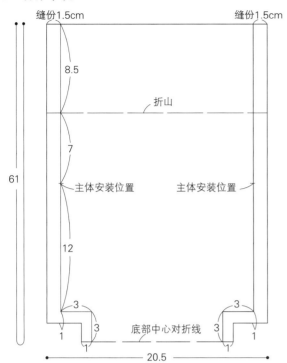

缝份1.5cm 缝份1.5cm

8.5

折山

7

61

主体安装位置   主体安装位置

12

3   3
3   3
1   1
1   1

底部中心对折线

20.5

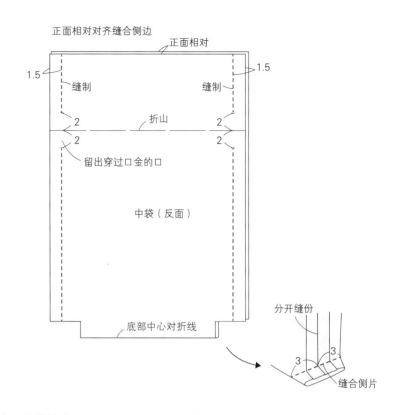

正面相对对齐缝合侧边

正面相对

1.5   1.5

缝制   缝制

2   2
2   2

折山

留出穿过口金的口

中袋（反面）

底部中心对折线

分开缝份

3   3
3   3

缝合侧片

4 缝合口金穿口

折山   折回

2

（正面）0.5   8.5

机缝

机缝

中袋
（反面）

5 在主体中放入中袋缝合

中袋（反面）

（正面）

7

机缝

0.2

主体（正面）

6 安装口金

插入9字针

用钳子拧弯

口金

中袋（正面）

完成图

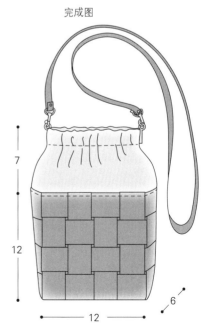

7

12

12

6

7 制作肩带

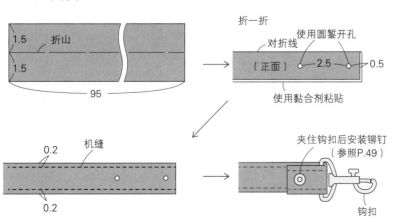

1.5   折山

1.5

95

折一折

对折线

使用圆錾开孔

（正面） 2.5   0.5

使用黏合剂粘贴

0.2   机缝

0.2

夹住钩扣后安装铆钉
（参照P.49）

钩扣

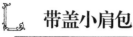

带盖小肩包

材料

· 合成皮革：
  宽1.5cm茶色（No.1）…900cm（2卷）
· 中袋用亚麻布
  茶色…50cm×15cm
· 铺棉…9cm×11cm
· 内径1.5cm口形环、日字形调节扣…各1个
· 皮革用手缝线…适量
· 黏合剂…适量

成品尺寸

高9cm×底11cm×4.5cm

制作方法

❶ 如下图所示错开皮条，按照A~G的顺序编织。
❷ 翻至反面，立起角的皮条（参照P.30），从侧面编织到兜盖。
❸ 在兜盖处加上H~J的皮条一起编织。
❹ 兜盖的周围和包口皮条向内侧折回缝合。
❺ 制作中袋，放入主体后使用黏合剂粘贴。
❻ 制作肩带并缝合在主体侧边。
❼ 制作扣襻和纽扣，然后缝合。

1 编织底部

2根2根地制作成十字形，按照A~G的顺序编织

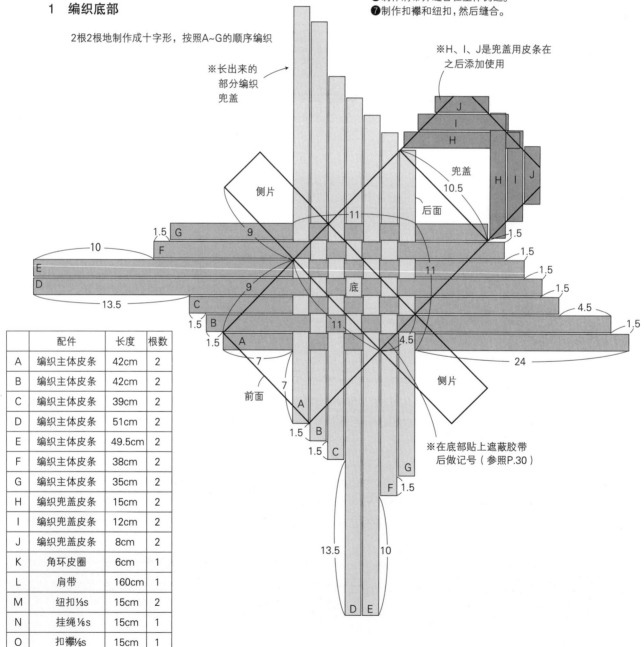

※长出来的部分编织兜盖

※H、I、J是兜盖用皮条在之后添加使用

※在底部贴上遮蔽胶带后做记号（参照P.30）

	配件	长度	根数
A	编织主体皮条	42cm	2
B	编织主体皮条	42cm	2
C	编织主体皮条	39cm	2
D	编织主体皮条	51cm	2
E	编织主体皮条	49.5cm	2
F	编织主体皮条	38cm	2
G	编织主体皮条	35cm	2
H	编织兜盖皮条	15cm	2
I	编织兜盖皮条	12cm	2
J	编织兜盖皮条	8cm	2
K	角环皮圈	6cm	1
L	肩带	160cm	1
M	纽扣⅓s	15cm	2
N	挂绳⅛s	15cm	1
O	扣襻⅛s	15cm	1

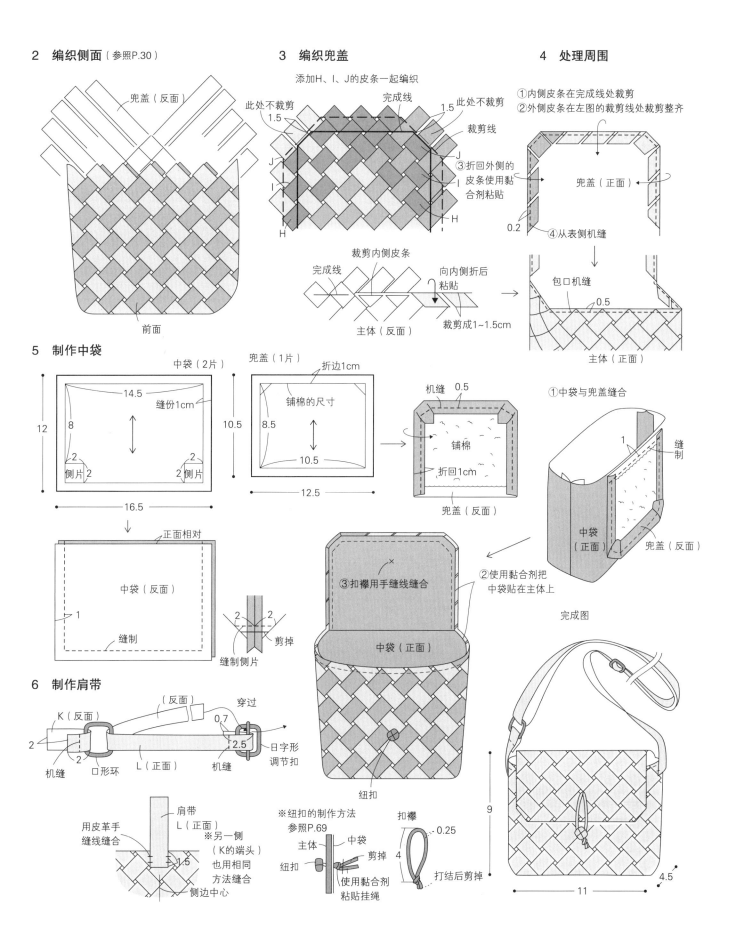

2 编织侧面（参照P.30）

兜盖（反面）

前面

3 编织兜盖

添加H、I、J的皮条一起编织

此处不裁剪
1.5
完成线
1.5
此处不裁剪
裁剪线
J
I
H
H
I
J
③折回外侧的皮条使用黏合剂粘贴

裁剪内侧皮条
完成线
向内侧折后粘贴
主体（反面）
裁剪成1~1.5cm

4 处理周围

①内侧皮条在完成线处裁剪
②外侧皮条在左图的裁剪线处裁剪整齐

兜盖（正面）
0.2
④从表侧机缝

包口机缝
0.5
主体（正面）

5 制作中袋

中袋（2片）
14.5
缝份1cm
12
8
2　2
侧片2　2 侧片
16.5
10.5

兜盖（1片）
折边1cm
铺棉的尺寸
8.5
10.5
12.5
10.5

机缝　0.5
铺棉
折回1cm
兜盖（反面）

正面相对
中袋（反面）
1
缝制
2　2
剪掉
缝制侧片

①中袋与兜盖缝合
1
缝制
中袋（正面）
兜盖（反面）

②使用黏合剂把中袋贴在主体上

③扣襻用手缝线缝合
中袋（正面）
×
纽扣

完成图
9
11
4.5

6 制作肩带

K（反面）
（反面）
穿过
0.7
2
机缝
2
口形环
L（正面）
机缝
2.5
日字形调节扣

用皮革手缝线缝合
肩带L（正面）
※另一侧（K的端头）也用相同方法缝合
1.5
侧边中心

※纽扣的制作方法
参照P.69
主体
中袋
纽扣
纽扣
剪掉
使用黏合剂粘贴挂绳

扣襻
0.25
4
打结后剪掉

M 单提手筐包

P.25的作品

材料

《主体》
- 合成皮革:
  宽3cm浅茶色(No.101)···14.6m (3卷)
- 深茶色皮革手缝线···适量
- 黏合剂···适量

《装饰花》
- 直径3cm装饰扣···1颗
- 直径0.3cm圆形橡胶圈···20cm
- 直径2cm白色毛绒球···2个
- 白色亚麻布、棉布等的碎片···适量
- 人造花芯(花芯用)···适量
- 5号白色刺绣线···适量
- 古风布料(装饰布)···28cm × 40cm

成品尺寸

高16cm × 底30cm × 13cm

制作方法

❶ ①和②2根2根地制作十字形,按照③~⑩的顺序错开行差编织。

❷ 翻到反面,立起底部的皮条编织侧面(参照P.30)。

❸ 剪掉包口皮条的多余部分,在外侧和内侧粘贴上皮条。

❹ 安装提手。

❺ 制作装饰花,安装在提手上。

1 编织底部

①和②2根2根地制作十字形
按照③~⑩的顺序错开行差编织

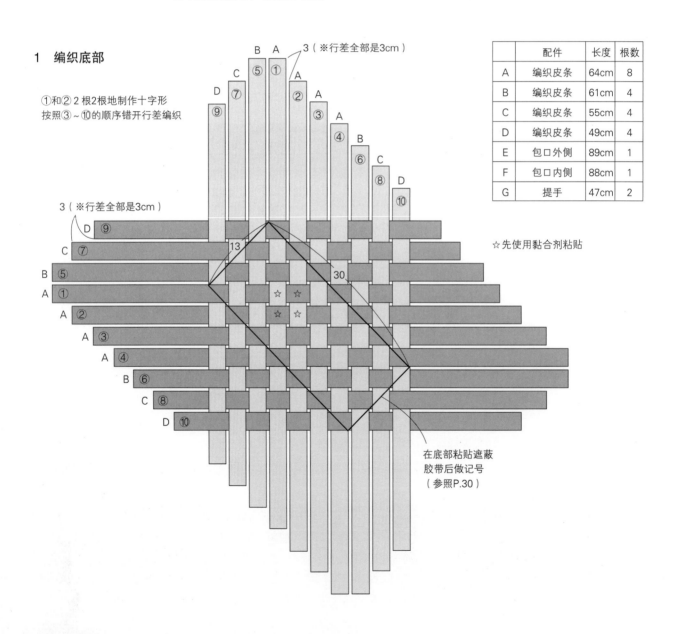

	配件	长度	根数
A	编织皮条	64cm	8
B	编织皮条	61cm	4
C	编织皮条	55cm	4
D	编织皮条	49cm	4
E	包口外侧	89cm	1
F	包口内侧	88cm	1
G	提手	47cm	2

☆ 先使用黏合剂粘贴

在底部粘贴遮蔽
胶带后做记号
(参照P.30)

2 编织侧面

翻到反面，立起皮条，编织侧面（参照P.30）

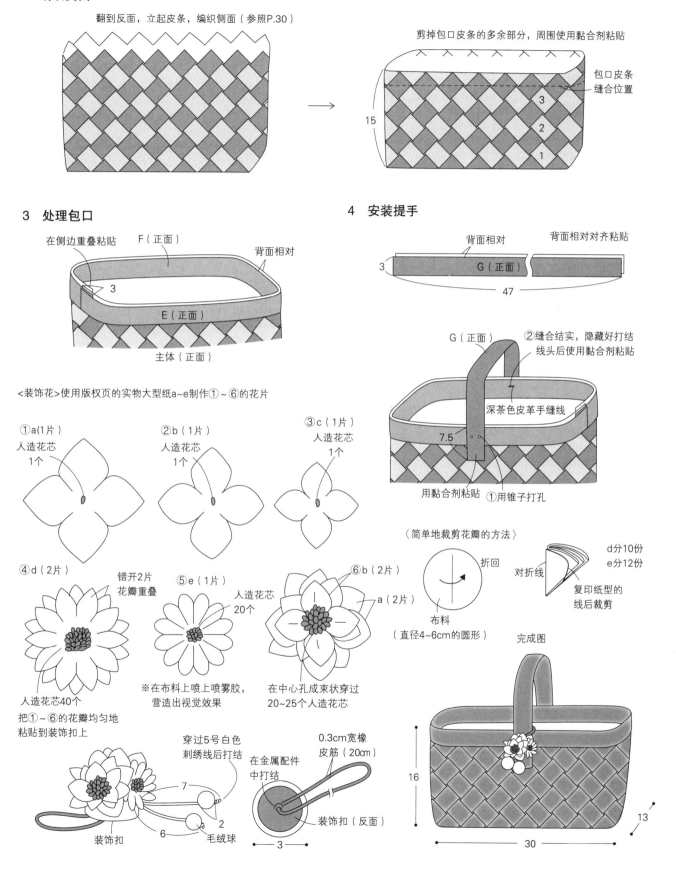

剪掉包口皮条的多余部分，周围使用黏合剂粘贴

包口皮条
缝合位置

15

3
2
1

3 处理包口

在侧边重叠粘贴

F（正面）

背面相对

3

E（正面）

主体（正面）

<装饰花>使用版权页的实物大型纸a~e制作①~⑥的花片

①a(1片)
人造花芯
1个

②b（1片）
人造花芯
1个

③c（1片）
人造花芯
1个

④d（2片）
错开2片
花瓣重叠

人造花芯40个

把①~⑥的花瓣均匀地
粘贴到装饰扣上

⑤e（1片）
人造花芯
20个

※在布料上喷上喷雾胶，
营造出视觉效果

⑥b（2片）
a（2片）

在中心孔成束状穿过
20~25个人造花芯

穿过5号白色
刺绣线后打结

7

6
2

装饰扣

毛绒球

在金属配件
中打结

装饰扣（反面）

3

0.3cm宽橡
皮筋（20cm）

4 安装提手

背面相对

背面相对对齐粘贴

3

G（正面）

47

G（正面）

②缝合结实，隐藏好打结
线头后使用黏合剂粘贴

深茶色皮革手缝线

7.5

用黏合剂粘贴

①用锥子打孔

〈简单地裁剪花瓣的方法〉

折回

布料
（直径4~6cm的圆形）

d分10份
e分12份

对折线

复印纸型的
线后裁剪

完成图

16

13

30

N 长方形提包

材料

- 合成皮革：
  宽3cm暗褐色(No.103)…15m(3卷)
- 黏合剂…适量

成品尺寸

高17cm×底35cm×9cm

制作方法

❶ 使用A①~⑥2根2根地制作十字形，按照数字顺序错开行差编织。
❷ 翻到反面，立起底部角的皮条，编织侧面(参照P.30)。
❸ 剪掉包口皮条的多余部分，把D折一折后包缝在包口。
❹ 制作提手。
❺ 在主体上安装提手。

1 编织底部

①~⑥2根2根地制作十字形，中心部分使用黏合剂粘贴，按照①~⑥的顺序编织。

B、C是按照⑦~⑩的顺序错开行差编织。

	配件	长度	根数
A	编织皮条	69cm	12
B	编织皮条	66cm	4
C	编织皮条	61cm	4
D	包口收尾	92cm	1
E	提手	35cm	2

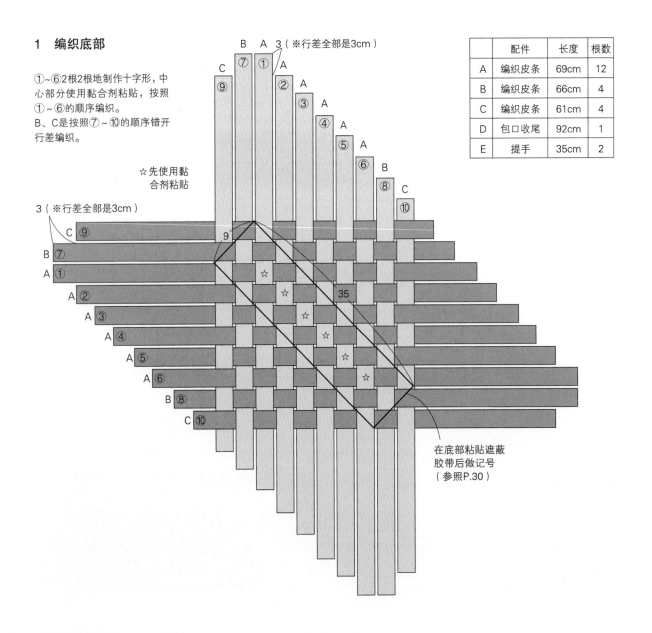

☆先使用黏合剂粘贴

3（※行差全部是3cm）

在底部粘贴遮蔽胶带后做记号（参照P.30）

2 编织侧面（参照P.30)

翻到反面，立起角的皮条，交互编织

使用夹子固定，周围用黏合剂粘贴

剪掉多余部分

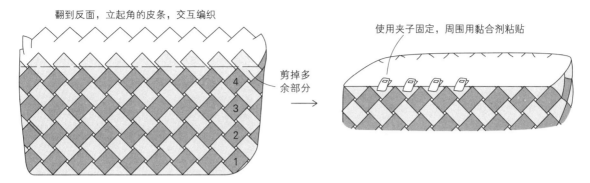

3 处理包口

把皮条折一折 D

对折线

包裹主体的端头

皮条的端头重叠粘贴

距边0.3cm机缝

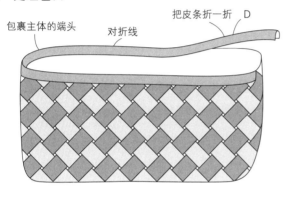

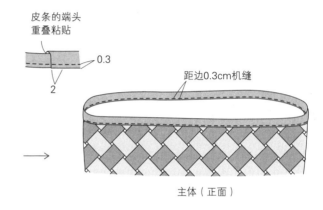

主体（正面）

4 制作提手

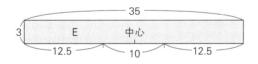

35

3

E 中心

12.5 10 12.5

10 0.2～0.3

（反面）

1.5 折回 机缝

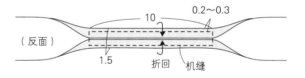

5 在主体缝合提手

完成图

中心

7 7 机缝

主体(正面)

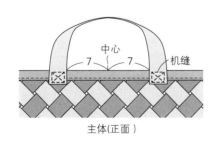

17

35

9

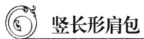 竖长形肩包

P.27的作品

材料

· 合成皮革：
  宽1.5cm红茶色(No.4)···670cm (2卷)
  宽3cm红茶色(No.4)···240cm (1卷)
· 内径3cm口形环、日字形调节扣···各1个
· 黏合剂···适量

成品尺寸

高16.5cm × 底11cm × 4.5cm

制作方法

❶使用A①～③2根2根地制作十字形，按照数字的顺序错开
  行差编织。
❷翻到反面，立起底部角的皮条，编织侧面(参照P.30)。
❸包口裁剪整齐。
❹在侧边安装口形环皮条。
❺在另一侧安装肩带。
❻在包口粘贴内侧、外侧皮条后缝合。
❼在前面缝合纽扣，后面缝合扣襻。

1　编织底部

使用A①～③2根2根地制作十字形，中心
使用黏合剂粘贴，按照①～③的顺序编织。
B、C是按照⑥、⑦的顺序错开行差编织

☆先使用黏
合剂粘贴

3（※行差全部是3cm）

在底部粘贴遮蔽胶带后
做记号（参照P.30）

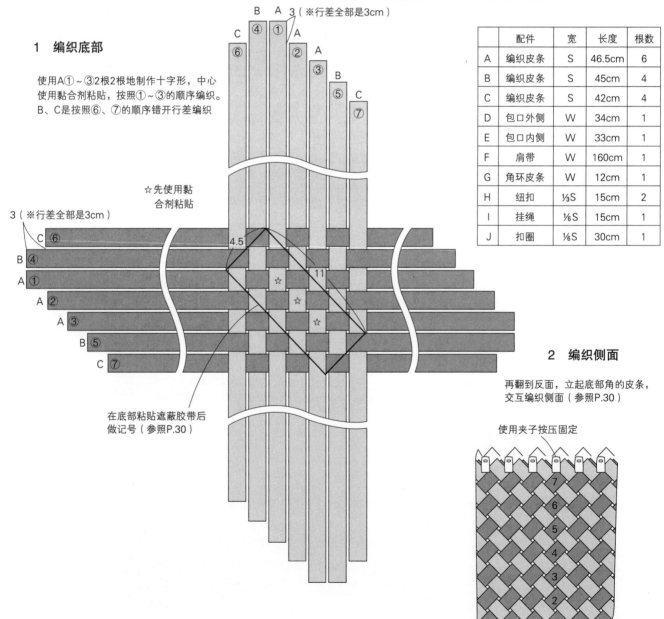

	配件	宽	长度	根数
A	编织皮条	S	46.5cm	6
B	编织皮条	S	45cm	4
C	编织皮条	S	42cm	4
D	包口外侧	W	34cm	1
E	包口内侧	W	33cm	1
F	肩带	W	160cm	1
G	角环皮条	W	12cm	1
H	纽扣	⅓S	15cm	2
I	挂绳	⅛S	15cm	1
J	扣圈	⅛S	30cm	1

2　编织侧面

再翻到反面，立起底部角的皮条，
交互编织侧面（参照P.30）

使用夹子按压固定

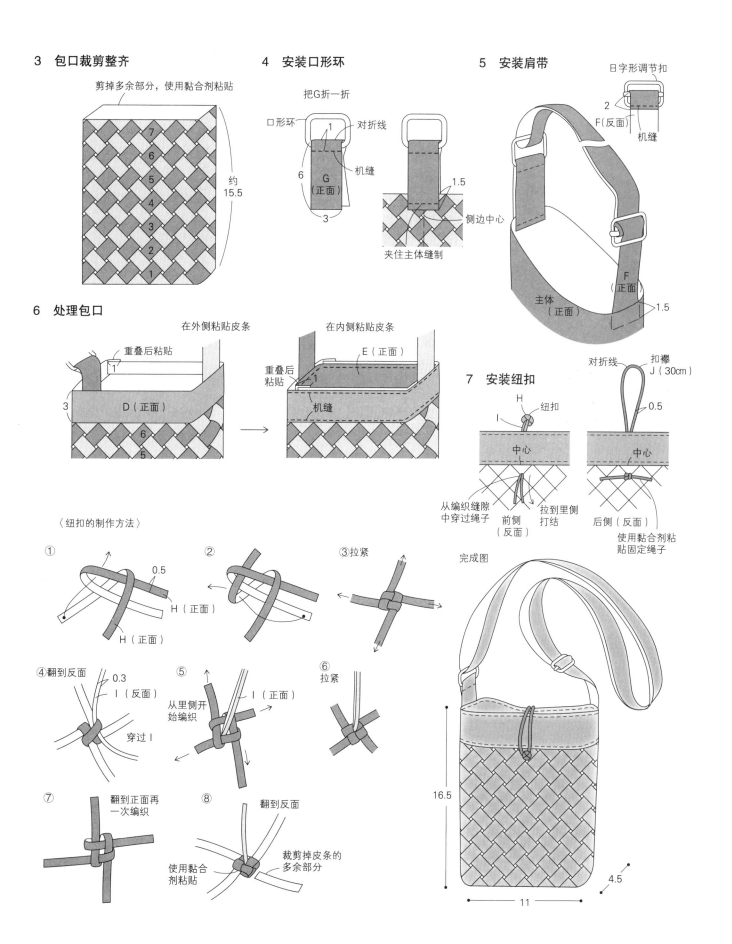

3 包口裁剪整齐

剪掉多余部分，使用黏合剂粘贴

7
6
5
4
3
2
1

约15.5

4 安装口形环

把G折一折

口形环
1
对折线
6
机缝
G（正面）
3

1.5
侧边中心
夹住主体缝制

5 安装肩带

日字形调节扣
2
F（反面）
机缝

主体（正面）
F（正面）
1.5

6 处理包口

在外侧粘贴皮条

重叠后粘贴
1
D（正面）
3
6
5

在内侧粘贴皮条

E（正面）
重叠后粘贴
1
机缝

7 安装纽扣

H
I
纽扣
中心

从编织缝隙中穿过绳子
前侧（反面）
拉到里侧打结

对折线
扣襻 J（30cm）
0.5
中心
后侧（反面）
使用黏合剂粘贴固定绳子

〈纽扣的制作方法〉

① 0.5
H（正面）
H（正面）

②

③拉紧

④翻到反面
0.3
I（反面）
穿过 I

⑤从里侧开始编织
I（正面）

⑥拉紧

⑦翻到正面再一次编织

⑧翻到反面
使用黏合剂粘贴
裁剪掉皮条的多余部分

完成图

16.5
11
4.5

 口金小包

材料

- 合成皮革：
  宽1.5cm栗棕色（No. 2）…410cm（1卷）
- 印花棉布…30cm×20cm
- 口金（11.8cm×6.5cm）…1个
- 9字针…1个
- 双重环…1个
- 纸绳…适量
- 黏合剂…适量

成品尺寸

竖10cm×横11cm×侧片3cm

制作方法

❶交互编织A和B制作底部。
❷再翻到反面，立起皮条编织制作成环状的侧面C（参照P.18）。
❸在前、后侧编织侧面D、E。
❹沿着口金的弧度裁剪。
❺制作中袋，放入主体后粘贴。
❻安装口金。
❼制作流苏，安装在口金上。

1 编织底部

在A的中心①上编织B，
剩余的A交互编织。

	配件	长度	根数
A	竖向皮条	24cm	7
B	横向皮条	25cm	2
C	侧面皮条	29cm	3
D	侧面皮条	16cm	2
E	侧面皮条	13cm	4
F	流苏	4cm	2
G	流苏	3cm	1

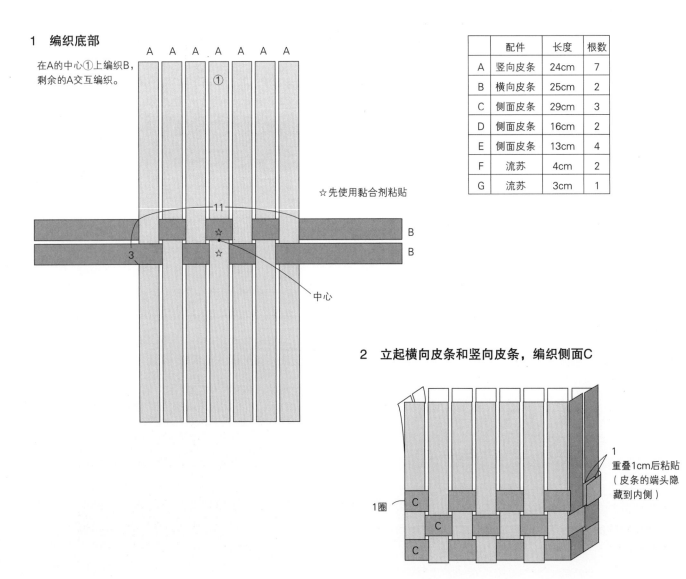

2 立起横向皮条和竖向皮条，编织侧面C

3 在前、后侧编织侧面D、E

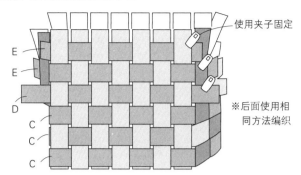

E
E
D
C
C
C

使用夹子固定

※后面使用相同方法编织

4 沿着口金的弧度裁剪

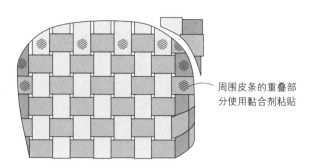

周围皮条的重叠部分使用黏合剂粘贴

5 制作中袋

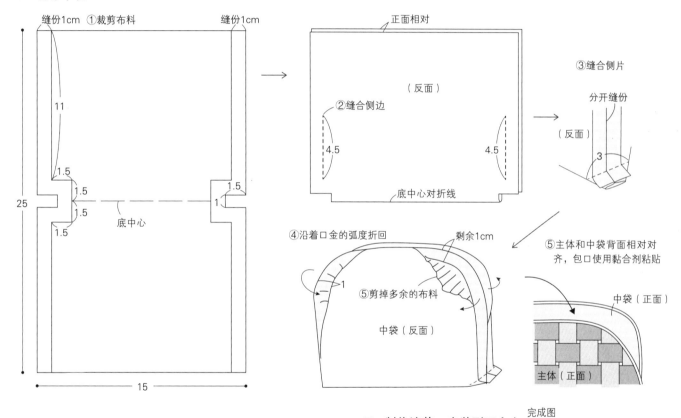

缝份1cm　①裁剪布料　　缝份1cm

11
25
1.5
1.5
1.5
1.5
1.5
1
15
底中心

正面相对

②缝合侧边
（反面）
4.5　　　　　　4.5
底中心对折线

③缝合侧片

分开缝份
（反面）
3

④沿着口金的弧度折回　　　剩余1cm
1
⑤剪掉多余的布料
中袋（反面）

⑤主体和中袋背面相对对齐，包口使用黏合剂粘贴
中袋（正面）
主体（正面）

6 安装口金

②把主体嵌入沟槽
①在口金的沟槽内涂抹黏合剂
④另一侧也使用同样方法安装
⑤口金的端头使用钳子按压固定

对齐中心
口金
中袋（正面）　纸绳
使用一字螺丝刀、锥子、安装口金专用的工具
③嵌入纸绳
垫布　　钳子

7 制作流苏，安装到口金上

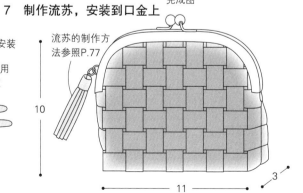

完成图

流苏的制作方法参照P.77
10
11
3

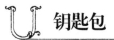 钥匙包

材料

· 合成皮革:
  宽3cm茶色(No.1)…210cm(1卷)
· 印花棉布、双面奇异衬…各30cm×15cm
· 四联钥匙包金属配件(带铆钉)…1个
· 粗0.1cmWax Cord(蜡绳)…180cm
· 宽1cm双面胶…76cm
· 黏合剂…适量

成品尺寸

12cm×7cm

制作方法

❶ 并排排列横向皮条4根,在两端如图所示编织2根竖向皮条。角用黏合剂粘贴。
❷ 交互编织剩余的竖向皮条编织主体。
❸ 在主体反面使用熨斗粘贴双面奇异衬。
❹ 裁剪里布,周围的折份折回到内侧,使用双面胶粘贴。
❺ 蜡绳做三股辫后粘贴在主体反面。
❻ 在主体反面使用熨斗粘贴里布。
❼ 安装钥匙包金属配件。

1 编织竖向皮条2根和横向皮条4个角,角用黏合剂粘贴

24

B		B
☆		☆

A B

B A

B

☆		☆

12

	配件	长度	根数
A	竖向皮条	12cm	8
B	横向皮条	24cm	4
C	金属配件底座	5cm	1

☆先使用黏合剂粘贴

2 剩余的皮条添加到中间编织

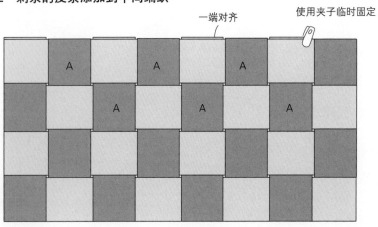

一端对齐

使用夹子临时固定

A A A

A A A

3 在主体反面粘贴双面奇异衬

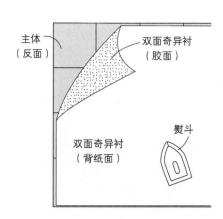

主体
(反面)

双面奇异衬
(胶面)

双面奇异衬
(背纸面)

熨斗

4 裁剪里布

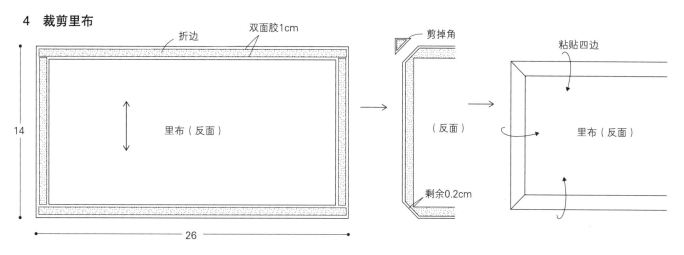

折边　双面胶1cm

14

里布（反面）

26

剪掉角

（反面）

剩余0.2cm

粘贴四边

里布（反面）

5 制作绳子后粘贴

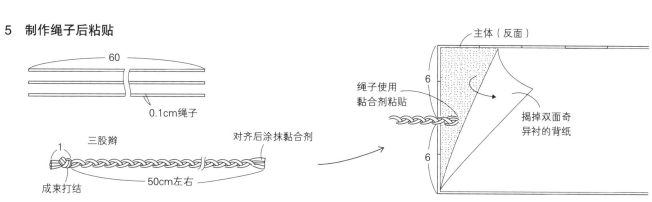

60

0.1cm绳子

三股辫　　　　　　　对齐后涂抹黏合剂

1

成束打结

50cm左右

绳子使用
黏合剂粘贴

主体（反面）

6

6

揭掉双面奇
异衬的背纸

6 在主体上粘贴里布　※从反面（布侧）使用蒸汽熨斗熨烫

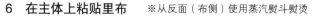

②距边0.4cm机缝　里布（反面）

主体
（正面）

①背面相对对齐后
用熨斗熨烫粘贴

完成图

7 安装钥匙包金属配件

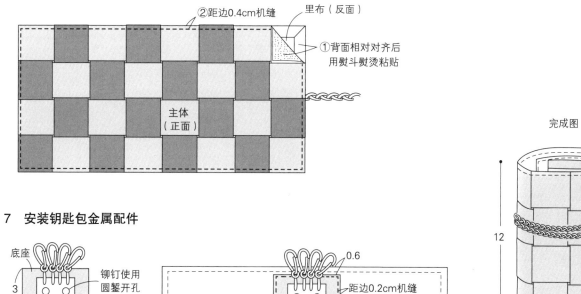

底座

3

5

0.5

铆钉使用
圆錾开孔
后使用铆
钉铆接固定
（参照P.49）

0.6

里布（正面）

距边0.2cm机缝

对齐中心

12

7

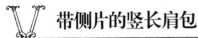 **带侧片的竖长肩包**

材料

- 合成皮革:
  宽1.5cm茶色(No.1)…10.9m(3卷)
  宽3cm茶色(No.1)…270cm(1卷)
- 亚麻布…60cm×30cm
- 直径1.2cm四合扣…1组
- 直径0.5cm双面铆钉…4组
- 内径1.5cm针扣…1颗
- 黏合剂…适量

完成尺寸

高21.5cm×底13cm×6cm

制作方法

① 交互编织1.5cm的竖向皮条和横向皮条编织主体,交互编织3cm的竖向皮条和横向皮条制作2片侧片。
② 主体和侧片正面相对缝合。
③ 在包口处缝合皮条E。
④ 制作中袋,放入主体后缝合包口。
⑤ 制作扣带缝合在后侧。
⑥ 制作肩带。
⑦ 在主体上使用铆钉安装肩带。
⑧ 在前侧安装四合扣。

1 编织主体和侧片

主体

A 1.5 1.5

☆ 13 ☆

3 粘贴反面剩余皮条

3 四合扣安装位置

3

B 43 中心 底

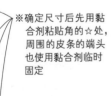

侧片（2片）

C 1

1

6

D 18.5

※确定尺寸后先用黏合剂粘贴角的☆处,周围的皮条的端头也使用黏合剂临时固定

配件	宽	长度	根数
A	主体纵向皮条	S	46cm	8
B	主体横向皮条	S	16cm	28
C	侧片竖向皮条	W	20.5cm	4
D	侧片横向皮条	W	8cm	12
E	包口	W	45cm	1
F	扣带	W	15cm	2
G	肩带a	S	100cm	2
H	肩带b	S	60cm	1
I	肩带环	S	5cm	1

※ S…宽1.5cm　W…宽3cm

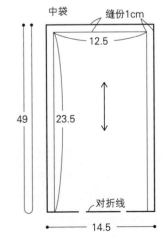

中袋

缝份1cm

12.5

49 23.5

对折线

14.5

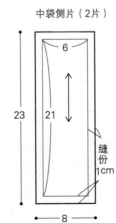

中袋侧片（2片）

6

23 21

缝份1cm

8

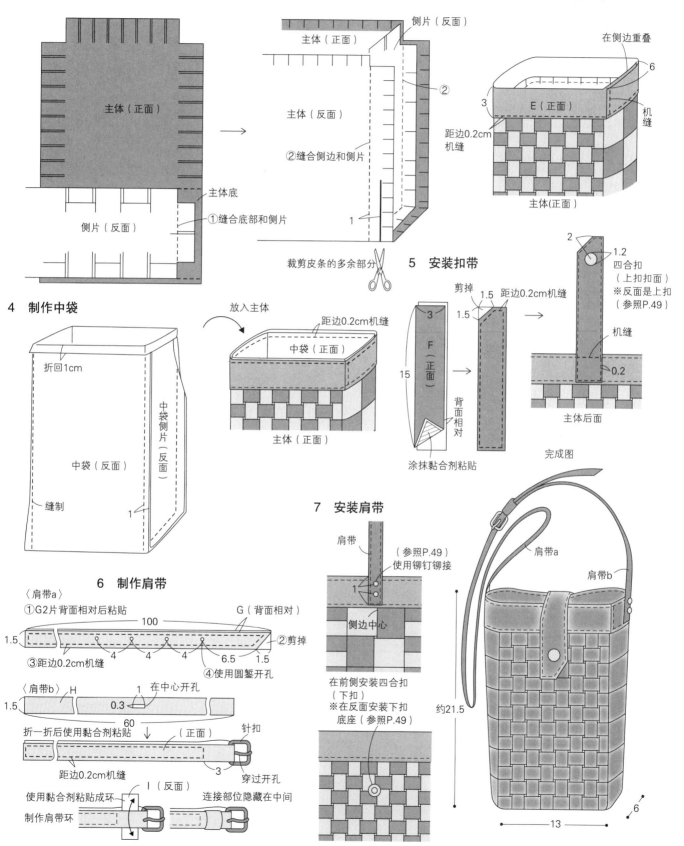

2 主体和侧片正面相对并缝合

主体（正面）

主体底

侧片（反面）

①缝合底部和侧片

侧片（反面）

主体（正面）

主体（反面）

②

②缝合侧边和侧片

1

裁剪皮条的多余部分

3 在包口缝合皮条E

在侧边重叠

6

3

E（正面）

机缝

距边0.2cm机缝

主体（正面）

4 制作中袋

折回1cm

中袋（反面）

中袋侧片（反面）

缝制

1

放入主体

距边0.2cm机缝

中袋（正面）

主体（正面）

5 安装扣带

剪掉

距边0.2cm机缝

1.5

1.5

3

F（正面）

15

背面相对

涂抹黏合剂粘贴

2

1.2

四合扣（上扣扣面）
※反面是上扣
（参照P.49）

机缝

0.2

主体后面

完成图

6 制作肩带

〈肩带a〉

①G2片背面相对后粘贴

G（背面相对）

100

1.5

②剪掉

③距边0.2cm机缝

4　4　4

6.5　1.5

④使用圆錾开孔

〈肩带b〉H

1.5

0.3

1　在中心开孔

60

折一折后使用黏合剂粘贴

（正面）

距边0.2cm机缝

针扣

3

穿过开孔

使用黏合剂粘贴成环

制作肩带环

I（反面）

连接部位隐藏在中间

7 安装肩带

肩带

（参照P.49）使用铆钉铆接

1

侧边中心

在前侧安装四合扣（下扣）
※在反面安装下扣底座（参照P.49）

肩带a

肩带b

约21.5

13

6

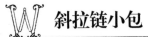 斜拉链小包

材料

- 合成皮革:
  宽1.5cm黑色(No.3)…450cm(1卷)
- 拉链…35.5cm 1根
- 拉链头(小)…1个
- 印花棉布、双面奇异衬…各20cm×40cm
- 9字针、双重环…各2个
- 宽0.3cm双面胶…适量
- 黏合剂…适量

成品尺寸

11cm×11cm

制作方法

❶ 交互编织竖向皮条和横向皮条，制作主体。
❷ 裁剪里布和双面奇异衬，使用熨斗熨烫粘贴（从布料侧熨烫）。
❸ 在主体的反面使用熨斗粘贴。
❹ 裁剪整齐主体下边(长边)。
❺ 把拉链安装到在裁剪的长边上。
❻ 正面相对对齐后缝合两边。
❼ 制作2个流苏，安装在拉链头上。

1 编织竖向皮条和横向皮条，粘贴周围

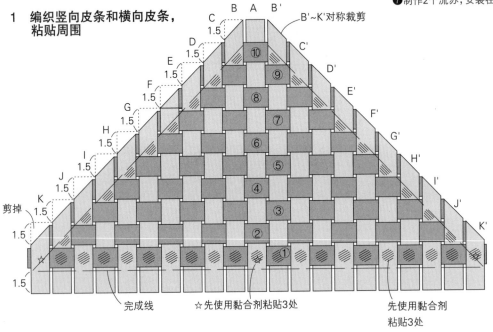

	配件	长度	根数
A	竖向皮条	18cm	1
B	竖向皮条	18cm	2
C	竖向皮条	16.5cm	2
D	竖向皮条	15cm	2
E	竖向皮条	13.5cm	2
F	竖向皮条	12cm	2
G	竖向皮条	10.5cm	2
H	竖向皮条	9cm	2
I	竖向皮条	7.5cm	2
J	竖向皮条	6cm	2
K	竖向皮条	4.5cm	2
L	流苏	4cm	4
M	流苏	3cm	2
①	横向皮条	31.5cm	1
②	横向皮条	28.5cm	1
③	横向皮条	25.5cm	1
④	横向皮条	22.5cm	1
⑤	横向皮条	19.5cm	1
⑥	横向皮条	16.5cm	1
⑦	横向皮条	13.5cm	1
⑧	横向皮条	10.5cm	1
⑨	横向皮条	7.5cm	1
⑩	横向皮条	4.5cm	1

2 裁剪里布（双面奇异衬裁剪成同样大小）

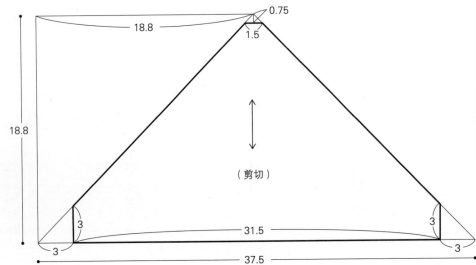

3 在编织的主体上粘贴里布

里布（正面）

双面奇异衬
主体（反面）

4 下面裁剪整齐

主体（正面）

完成线

裁剪

0.2

5 安装拉链

使用双面胶
粘贴
0.3

主体（正面）

拉链（正面）

0.4

机缝

※拉链的说明参照P.5
安装方法参照P.44

6 正面相对对齐记号◎后缝合两边

正面相对

1

主体（反面）

预先穿上
拉链头

对折线

对折线

7 制作流苏

4   4   3

1.5   L   L   M

裁剪

3

M   1

L
9字针

3.5

裁剪成8等份

在9字针上
涂抹黏合剂
后卷贴

M

4   1

在根部卷
贴上M

※制作2个

流苏

双重环

拉链头

作品Q（P.34）流苏的制作方法

7   7   7   10

3   L   L   L   M

剪掉

10

M   1.3

使用长20cm的
蜡绳制作绳圈

L

6.5

剪切成8等份

L卷3圈

M

1.3

7

流苏

完成图

11

11

 毛皮手提包

材料

- 合成皮革:
  宽3cm黑色(No. 3)…13.3m(3卷)
- 中袋用黑色亚麻布…60cm×40cm
- 粗0.5cm提手芯或粗棉绳…80cm
- 水貂皮毛黑色(No.3)…约300cm
- 黏合剂…适量

成品尺寸

高21cm×底19cm×12cm

制作方法

❶交互编织竖向皮条和横向皮条制作主体。
❷制作提手。
❸把主体正面相对对齐缝合侧边和侧片。
❹安装提手。
❺制作中袋。
❻在主体中放入中袋,缝合包口。
❼把带状的水貂皮毛使用锁针双重缝合在包口。

1　编织主体

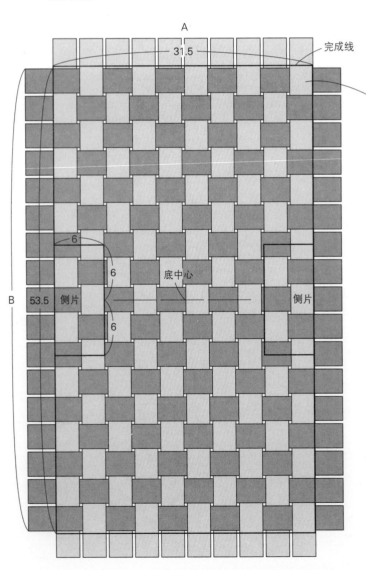

A

31.5

完成线

编织完成后周围
使用黏合剂粘贴

6

6

底中心

B　53.5　侧片

6

侧片

	配件	长度	根数
A	竖向皮条	60cm	10
B	横向皮条	36cm	17
C	提手	50cm	2

2　制作提手

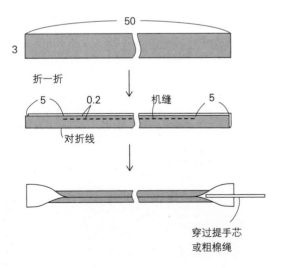

3　　　　　50

折一折

5　　0.2　　机缝　　5

对折线

穿过提手芯
或粗棉绳

3　把主体正面相对，对齐缝合侧边和侧片

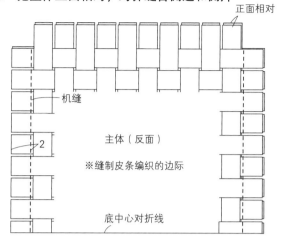

正面相对

机缝

主体（反面）

※缝制皮条编织的边际

2

底中心对折线

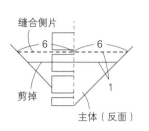

机缝　剪掉包口多余的皮条

1

主体（正面）

缝合侧片

6　6

剪掉　　　1

主体（反面）

4　安装提手

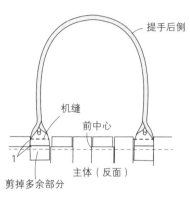

提手后侧

机缝

前中心

1

主体（反面）

剪掉多余部分

5　制作中袋

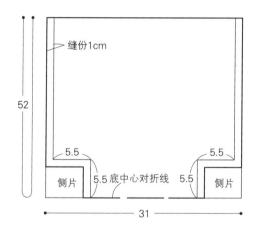

缝份1cm

52

5.5　　5.5

侧片　5.5 底中心对折线 5.5　侧片

31

把中袋背面相对对齐缝合侧边和侧片

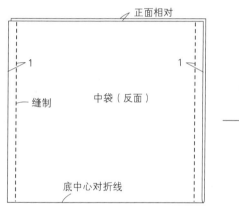

正面相对

1　　　　　　　　　　　1

缝制　中袋（反面）

底中心对折线

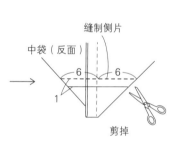

缝制侧片

中袋（反面）

6　6

1

剪掉

6　把中袋背面相对放入主体

中袋（正面）

机缝

主体（正面）

7　在包口缝合水貂皮毛

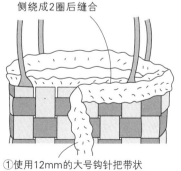

②在包口的内侧和外侧绕成2圈后缝合

①使用12mm的大号钩针把带状水貂皮毛钩织锁针160cm长

完成图

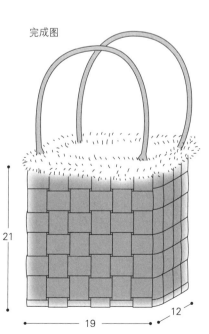

21

19　　12

Z 环形提手包

材料

- 合成皮革:
  宽3cm红茶色(No.4)…18.9m(4卷)
- 皮革(厚2mm)…40cm×50cm
- 布包用印花棉布…80cm×45cm
- 直径1.5cm圆环…1个
- 粗0.1cm皮绳…180cm
- 皮革用手缝线…适量
- 黏合剂…适量

成品尺寸

高19cm×底34cm×10cm

制作方法

①把A①和A②分别2根2根地制作成十字形编织，按照B~L的顺序编织成片状，周围使用黏合剂临时固定。
②裁切皮革提手、包口、皮绳。
③裁切主体2片和底。
④把主体2片正面相对对齐，缝合侧边，然后与底部缝合制作成袋状。
⑤缝合提手和包口。
⑥在主体缝合。
⑦制作布包。
⑧制作流苏安装在提手上。

1 编织成片状

把A①和A②分别2根2根地制作成
十字形编织，按照B~L的顺序编织

☆周围使用黏合剂粘贴

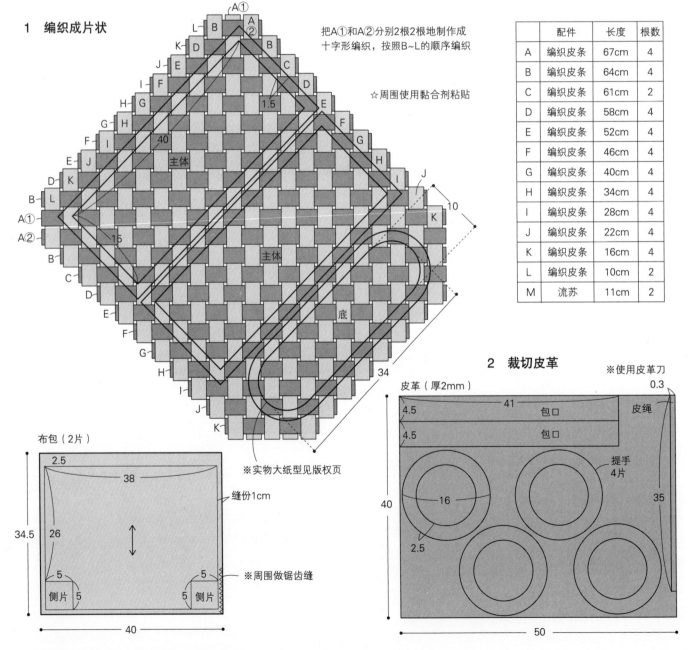

※实物大纸型见版权页

	配件	长度	根数
A	编织皮条	67cm	4
B	编织皮条	64cm	4
C	编织皮条	61cm	2
D	编织皮条	58cm	4
E	编织皮条	52cm	4
F	编织皮条	46cm	4
G	编织皮条	40cm	4
H	编织皮条	34cm	4
I	编织皮条	28cm	4
J	编织皮条	22cm	4
K	编织皮条	16cm	4
L	编织皮条	10cm	2
M	流苏	11cm	2

布包（2片）

2.5
38
缝份1cm
34.5
26
5 5
5 侧片 5
侧片
※周围做锯齿缝
40

2 裁切皮革

※使用皮革刀

皮革（厚2mm）
0.3
41
4.5 包口
4.5 包口
皮绳
16
提手
4片
2.5
40
35
50

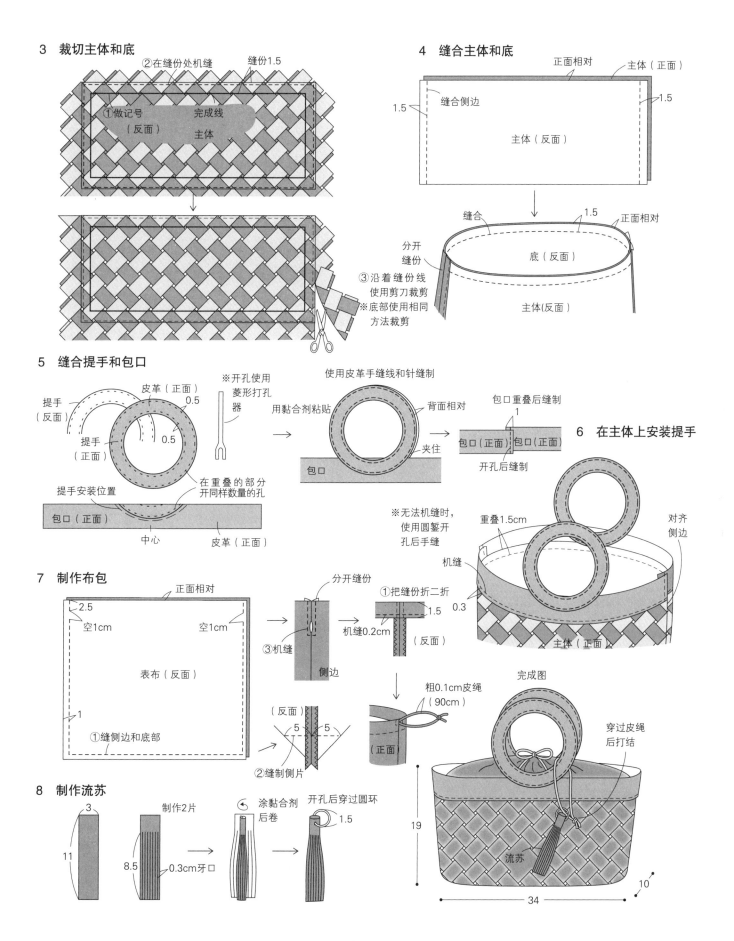

3 裁切主体和底

②在缝份处机缝
缝份1.5
①做记号
（反面）
完成线
主体
③沿着缝份线
使用剪刀裁剪
※底部使用相同
方法裁剪

4 缝合主体和底

正面相对
主体（正面）
缝合侧边
1.5
1.5
主体（反面）

缝合
1.5
正面相对
分开
缝份
底（反面）
主体(反面)

5 缝合提手和包口

提手
（反面）
皮革（正面）
0.5
提手
（正面）
0.5
※开孔使用
菱形打孔
器

提手安装位置
在重叠的部分
开同样数量的孔
包口（正面）
中心
皮革（正面）

使用皮革手缝线和针缝制
用黏合剂粘贴
背面相对
夹住
包口

包口重叠后缝制
1
包口（正面）　包口（正面）
开孔后缝制

6 在主体上安装提手

※无法机缝时，
使用圆錾开
孔后手缝
重叠1.5cm
机缝
0.3
对齐
侧边
主体（正面）

7 制作布包

正面相对
2.5
空1cm
空1cm
表布（反面）
1
①缝侧边和底部

分开缝份
③机缝
侧边

①把缝份折二折
1.5
机缝0.2cm
（反面）

（反面）
5　5
②缝制侧片

粗0.1cm皮绳
（90cm）
（正面）

8 制作流苏

3
11
制作2片
8.5
0.3cm牙口
涂黏合剂
后卷
开孔后穿过圆环
1.5

完成图
穿过皮绳
后打结
19
流苏
10
34

两用肩包

材料

· 合成皮革:
　宽3cm栗棕色(No. 2)…830cm(2卷)
　宽3cm暗褐色(No.103)…13.4m(3卷)
· 直径1.4cm磁铁扣…1组
· 宽3cm口形环…4个
· 直径0.5cm双面铆钉…2组
· 内径1.2cm气眼…2组
· 宽3cm钩扣…2个
· 直径3.5cm锁环…2个
· 宽1.5cm双面胶、黏合剂…各适量

成品尺寸

高28cm × 底22cm × 17.5cm

制作方法

❶ 如下图所示错开行差编织竖向皮条和横向皮条。
❷ 从底部的完成线处立起皮条，编织侧面制作主体(参照
　P.30)。
❸ 在包口外侧粘贴皮条G，在侧边重叠。
❹ 制作提手，粘贴在主体内侧。
❺ 在包口内侧粘贴安装有磁铁扣的扣带，缝合包口。
❻ 在侧边包口开孔后安装气眼。
❼ 制作肩带，安装到主体上。

	配件	2	103	长度	根数
Ⓐ	竖向皮条	○		100.5cm	1
A	横向皮条	○		100.5cm	1
B	竖向皮条、横向皮条	○	○	97.5cm	2
C	横向皮条、竖向皮条	○	○	91.5cm	2
D	横向皮条、竖向皮条	○	○	85.5cm	2
E	横向皮条、竖向皮条	○	○	79.5cm	2
F	包口内侧		○	79cm	1
G	包口外侧		○	81cm	1
H	提手		○	58cm	2
I	提手扣环		○	4.5cm	2
J	肩带		○	224cm	1

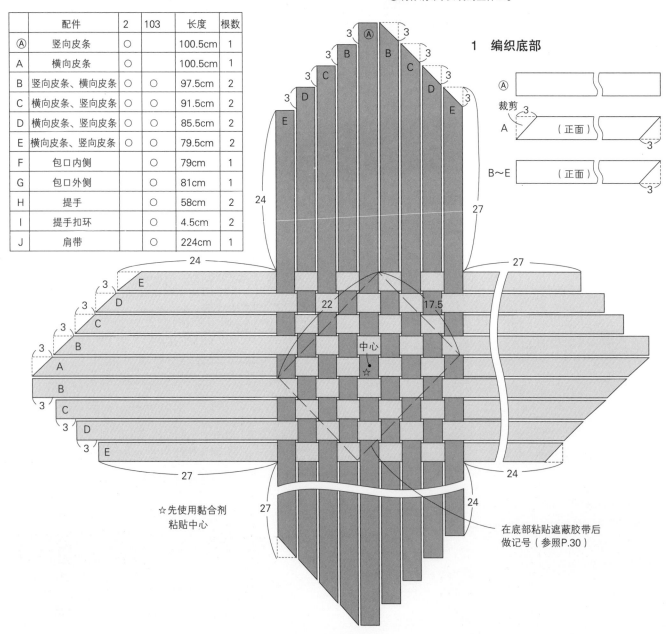

1　编织底部

☆ 先使用黏合剂
　粘贴中心

在底部粘贴遮蔽胶带后
做记号(参照P.30)

2 编织侧面

（参照P.30）

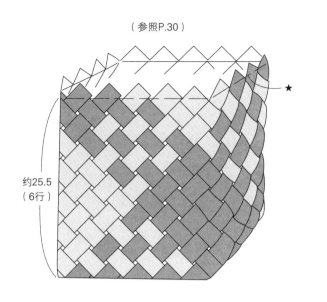

约25.5
（6行）

★

3 粘贴包口周围外侧

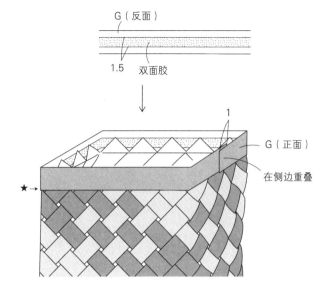

G（反面）

1.5
双面胶

1

G（正面）

在侧边重叠

★→

4 制作提手

扣环（I）

3

4.5

口形环

3

2
机缝

0.5

※制作4个

提手（H）

3

58

扣环

H（反面） 1.5
双面胶

27

穿过口形环

距边0.3cm机缝
背面相对

扣环
对齐
H（正面）
扣环

粘贴提手

提手后侧

G（反面）

5 5

1

中心

主体（反面）

5 缝合包口周围

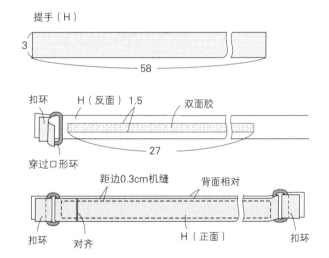

①在F上安装
磁铁扣
（参照P.49）

②粘贴
内侧

背面相对

F（正面）

1.4

中心

主体（反面）

距边0.3cm机缝 侧边 对齐

0.3

主体（反面）

6 在侧边安装气眼

侧边中心

安装内径1.2cm的
气眼（参照P.49）

7 制作肩带

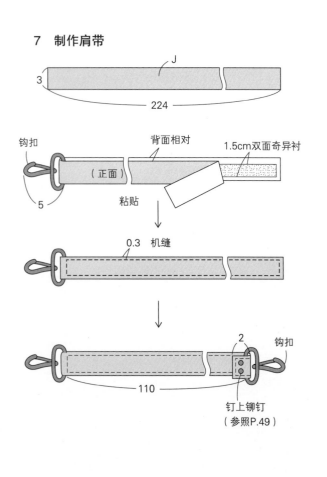

J

3

224

钩扣

（正面）

背面相对

1.5cm双面奇异衬

5

粘贴

0.3 机缝

2

钩扣

110

钉上铆钉
（参照P.49）

完成图

3.5

锁环

28

22

17.5

 钱包

P.42的作品

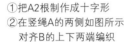

- 合成皮革：
  宽1.5cm红茶色（No.4）…885cm（2卷）
  宽3cm红茶色（No.4）…20cm
- 里布用条纹亚麻布…110cm×50cm
- 拉链…130cm
- 拉链头…2个
- 黏合衬…22cm×20cm
- 宽2.8cm包边条…100cm
- 粗0.1cm绳子…15cm
- 黏合剂…适量

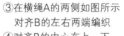

11cm×20cm

制作方法

❶ 如下图所示错开行差编织主体。
❷ 制作钱包内侧。
❸ 裁切整齐主体周围。
❹ 安装拉链。
❺ 制作拉链尾部。
❻ 在前侧安装装饰结。
❼ 把主体和钱包内侧背面相对对齐。
❽ 在拉链反面卷针缝缝上内侧周围的包边布。

1 编织主体

① 把A2根制作成十字形
② 在竖绳A的两侧如图所示对齐B的上下两端编织
③ 在横绳A的两侧如图所示对齐B的左右两端编织
④ 对齐B的中心在上、下、左、右编织C，用同样方法编织D~J

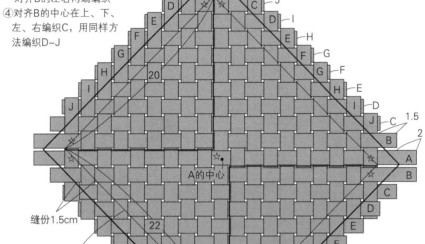

缝份1.5cm

完成线

☆先使用黏合剂粘贴中心，
　主体编织完成后粘贴四角

	配件	宽	长度	根数
A	编织皮条	S	36cm	2
B	编织皮条	S	34cm	4
C	编织皮条	S	31cm	4
D	编织皮条	S	28cm	4
E	编织皮条	S	25cm	4
F	编织皮条	S	22cm	4
G	编织皮条	S	19cm	4
H	编织皮条	S	16cm	4
I	编织皮条	S	13cm	4
J	编织皮条	S	7cm	4
K	拉链尾部	S	7cm	1
L	装饰结	W	15cm	1
M	装饰结中心	S	4cm	1

※ S…宽1.5cm　W…宽3cm

2 制作钱包内侧

基底布
角裁剪成弧形
1
1
21.5
折线
※在反面粘贴黏合衬
19.5

零钱袋（2片）
缝份0.5cm
17
折线
缝份0.5cm
18.5

卡片袋（3片）
10
折线
19.5

侧片（2片）
缝份1cm
19
折线
缝份1cm
15

①制作卡片袋
距边0.3cm机缝　对折线
卡片袋（正面）

②在基底布上缝合卡片袋
粘贴黏合衬
2
卡片袋（正面）
用Z字形锁边缝
缝合到基底布上
基底布（正面）

按顺序缝制3片　在中心机缝
1　1
卡片袋
基底布（正面）

③在零钱袋上缝合拉链（参照P.44）

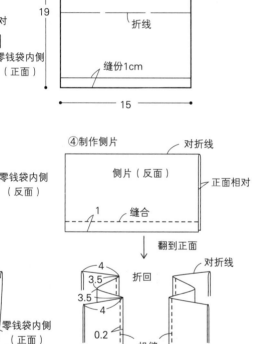
20cm拉链（正面）　　正面相对
0.5　缝合　零钱袋内侧（正面）
零钱袋外侧（反面）

翻到正面

距边0.2cm机缝
零钱袋外侧（正面）
零钱袋内侧（反面）
※另一侧也用相同方法缝制

安装拉链
零钱袋外侧（正面）
对折线
零钱袋内侧（正面）

④制作侧片
对折线
侧片（反面）
正面相对
1　缝合

翻到正面

4
3.5
3.5
4
0.2
折回
对折线
机缝

⑤把零钱袋夹在侧片中缝制

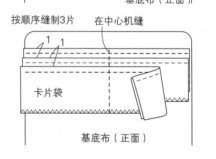
缝制
缝制　侧片　零钱袋　侧片
1
1

⑥在基底布上缝合整齐
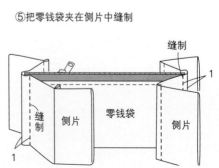
基底布（正面）　2
临时固定　侧片　零钱袋　侧片　临时固定
中心　中心
卡片袋
★　★

⑦周围包边
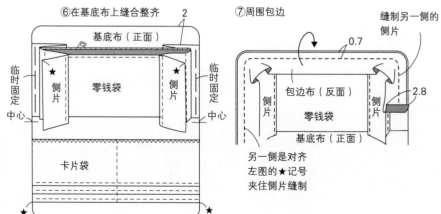
缝制另一侧的侧片
0.7
包边布（反面）
侧片　零钱袋　侧片　2.8
基底布（正面）
另一侧是对齐
左图的★记号
夹住侧片缝制

3 裁剪整齐主体的周围

缝份1.5cm　角裁剪成弧形
完成线
周围使用黏合剂粘贴

4 安装拉链（参照P.44）

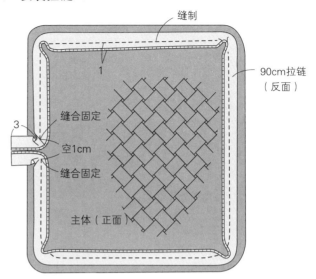

缝制
1
90cm拉链（反面）
3
缝合固定
空1cm
缝合固定
主体（正面）

5 制作拉链尾部

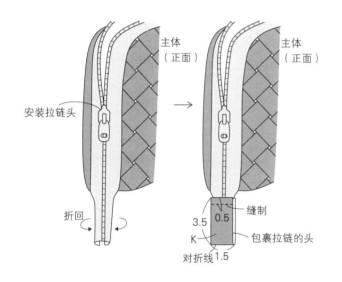

主体（正面）
主体（正面）
安装拉链头
折回
缝制
3.5　0.5
K
对折线1.5
包裹拉链的头

6 安装装饰结（参照P.59）

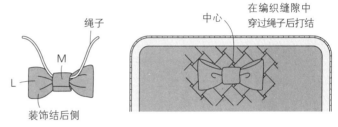

绳子
M
L
装饰结后侧
中心
在编织缝隙中穿过绳子后打结

7 把主体与内侧背面相对对齐

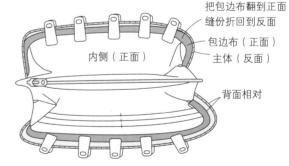

把包边布翻到正面缝份折回到反面
包边布（正面）
主体（反面）
内侧（正面）
背面相对

8 卷针缝缝合内侧

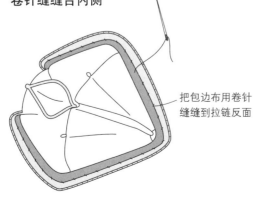

把包边布用卷针缝缝到拉链反面

完成图

11
20

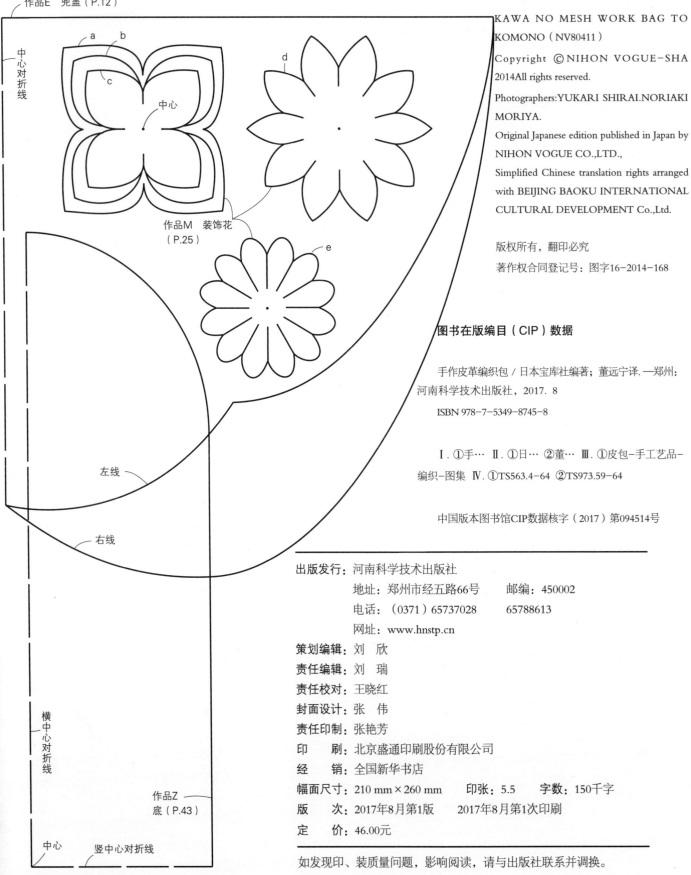

作品E 兜盖（P.12）

中心对折线

a b
c
中心

作品M 装饰花
（P.25）

d

e

左线

右线

横中心对折线

作品Z
底（P.43）

中心 竖中心对折线

KAWA NO MESH WORK BAG TO
KOMONO（NV80411）

Copyright ⓒ NIHON VOGUE-SHA
2014All rights reserved.

Photographers:YUKARI SHIRAI.NORIAKI
MORIYA.

Original Japanese edition published in Japan by
NIHON VOGUE CO.,LTD.,

Simplified Chinese translation rights arranged
with BEIJING BAOKU INTERNATIONAL
CULTURAL DEVELOPMENT Co.,Ltd.

版权所有，翻印必究

著作权合同登记号：图字16-2014-168

图书在版编目（CIP）数据

手作皮革编织包 / 日本宝库社编著；董远宁译. —郑州：
河南科学技术出版社，2017. 8

ISBN 978-7-5349-8745-8

Ⅰ.①手… Ⅱ.①日… ②董… Ⅲ.①皮包-手工艺品-
编织-图集 Ⅳ.①TS563.4-64 ②TS973.59-64

中国版本图书馆CIP数据核字（2017）第094514号

出版发行：河南科学技术出版社
　　　　　地址：郑州市经五路66号　　邮编：450002
　　　　　电话：（0371）65737028　　65788613
　　　　　网址：www.hnstp.cn
策划编辑：刘　欣
责任编辑：刘　瑞
责任校对：王晓红
封面设计：张　伟
责任印制：张艳芳
印　　刷：北京盛通印刷股份有限公司
经　　销：全国新华书店
幅面尺寸：210 mm×260 mm　　印张：5.5　　字数：150千字
版　　次：2017年8月第1版　　2017年8月第1次印刷
定　　价：46.00元

如发现印、装质量问题，影响阅读，请与出版社联系并调换。